"十四五"职业教育国家规划教材

计算机程序设计
（Java）（第2版）

主　编　王新萍

参　编　张宇鑫　贾晋宁　吴克强　陈　炯　樊斌峰
　　　　王　斑　吴文蔚　解　莹　袁　源　杨　杰

电子工业出版社
Publishing House of Electronics Industry
北京·BEIJING

内 容 简 介

本书通过项目引入、任务分解的方式,将相关知识点融入整个任务中,着重强调应用与基础相结合。读者通过完成项目,可逐步掌握 Java 程序设计的具体方法。本书以 Java 程序开发工程师岗位的职业能力为主线,把 Java 技术知识融入项目的分解任务中。全书共 11 个单元,内容主要包括 Java 平台及使用等 14 个项目,每个项目又分解为不同的任务,每个任务都按照"任务分析→相关知识点→任务实施→技能拓展"的模式进行编写。

本书内容丰富,项目经典,知识讲解系统,能力培养突出,既可作为职业院校"Java 程序设计"课程的教材,也可作为软件开发人员或 Java 自学者的参考书。

未经许可,不得以任何方式复制或抄袭本书之部分或全部内容。
版权所有,侵权必究。

图书在版编目(CIP)数据

计算机程序设计:Java / 王新萍主编. —2 版. —北京:电子工业出版社,2019.10
ISBN 978-7-121-38025-9

Ⅰ. ①计… Ⅱ. ①王… Ⅲ. ①JAVA 语言-程序设计-职业教育-教材 Ⅳ. ①TP312.8

中国版本图书馆 CIP 数据核字(2019)第 268334 号

责任编辑:关雅莉　　文字编辑:徐　萍
印　　刷:三河市华成印务有限公司
装　　订:三河市华成印务有限公司
出版发行:电子工业出版社
　　　　　北京市海淀区万寿路 173 信箱　邮编　100036
开　　本:787×1 092　1/16　印张:15.25　字数:390.4 千字
版　　次:2016 年 8 月第 1 版
　　　　　2019 年 10 月第 2 版
印　　次:2025 年 2 月第 17 次印刷
定　　价:38.00 元

凡所购买电子工业出版社图书有缺损问题,请向购买书店调换。若书店售缺,请与本社发行部联系,联系及邮购电话:(010)88254888,88258888。
质量投诉请发邮件至 zlts@phei.com.cn,盗版侵权举报请发邮件至 dbqq@phei.com.cn。
本书咨询联系方式:(010)88254589,guanyl@phei.com.cn。

前言

Java 程序语言的应用领域非常广泛，从大型的企业级应用开发到小型便携式设备的应用开发都离不开 Java 活跃的身影，特别是如今很多的流行技术，如 Android 技术等都和 Java 有着直接的联系。学好 Java 是成为一名优秀软件开发工程师的必经之路，但对于编程初学者来说，Java 的学习又显得比较难以理解。如何能让初学者找到正确的学习方法，掌握 Java 技术的精髓，是本书编者要解决的重要课题。

本书包含 11 个单元及 14 个项目，每个项目又分解成不同的任务。每个任务均包含"任务分析→相关知识点→任务实施→技能拓展"等内容。通过对项目任务的演示和分析，让学生能直观地了解要解决的问题和可以达到的效果，同时也解决了只讲知识点不讲应用的问题。本书所有内容的建议课时为 104 学时，其中单元 1～单元 3 建议课时为 24 学时，主要是掌握基本语法及面象对象编程的基础知识；单元 4～单元 6 建议课时为 24 学时，主要让读者掌握面象对象语言的高级特性及用 Java 语言实现类、掌握异常处理等；单元 7 和单元 8 建议课时为 24 学时，主要掌握输入/输出流的使用及图形界面设计；单元 9～单元 11 建议课时为 32 学时，主要掌握网络编程、数据库编程及 Android 基础应用，为后续课程的学习打下基础。

本教材由王新萍主编，负责教材总体设计、统稿及编写工作。陈炯参与本书编写工作并收集相关资料，贾晋宁、吴克强负责本书所有程序的调试工作。其中第 1、2、3、4 单元由王新萍编写；第 5 单元由樊斌峰编写；第 6 单元由吴文蔚编写；第 7 单元由张宇鑫编写；第 8 单元由袁源编写；第 9 单元解莹编写；第 10 单元由王斑编写；第 11 单元由杨杰编写。本教材实训指导书、电子课件、电子教案、单元设计、整体设计、课程标准等由王新萍编写。

随书配套的相关数字资源包括电子教案、模拟试题、各章程序项目实践题答案及各章课后复习题答案，此外还附有《Java 语言实践方案》包含《Java 语言趣味程序实例》、《Java 语言实训大纲》、《Java 语言实训实施方案》、《Java 语言实训指导书》、《Java 语言实践教学方案设计》。请有需要的老师登录华信教育资源网下载或扫描封底二维码获取相关信息。

感谢所有对本教材编写给予支持的教师、专家及工作人员。

由于时间仓促，作者水平有限，错误之处在所难免，恳请各位读者给予批评指正。

编 者
2019 年 10 月

目录 Contents

单元 1　Java 语言概述 ·· 1

　项目 1　Java 开发平台的搭建及使用 ··· 1

　　　任务 1　初识 Java 语言 ·· 1

　　　任务 2　搭建 Java 开发环境 ··· 3

　　　任务 3　编写第一个 Java 程序 ··· 8

　习题 1 ··· 15

单元 2　Java 语言开发基础 ·· 16

　项目 2　猜数字游戏 ··· 16

　　　任务 1　确定变量 ·· 16

　　　任务 2　选择数据类型 ·· 17

　　　任务 3　确定表达式 ·· 20

　　　任务 4　循环猜数并统计次数 ·· 24

　　　任务 5　Java 注释 ··· 35

　习题 2 ··· 37

单元 3　面向对象基础知识 ··· 41

　项目 3　学生信息管理系统 ·· 41

　　　任务 1　抽象学生类，创建学生对象 ·· 41

　　　任务 2　确定输出学生信息的方法 ··· 46

　　　任务 3　数据隐藏的"隐私"程序设计 ·· 53

　习题 3 ··· 58

单元 4　面向对象高级特性 ··· 59

　项目 4　动物园中游客与动物玩耍 ··· 59

　　　　任务1　不同动物的行为表现 ································· 59
　　　　任务2　利用多态解决游客与动物玩耍 ·················· 71
　　　　任务3　不同种类图书的信息 ································· 80
　　　　任务4　模拟 USB 接口 ··· 86
　习题4 ·· 89

单元5　包、数组和字符串 ··· 92

　项目5　学生成绩管理系统 ··· 92
　　　　任务1　学生成绩计算 ·· 92
　　　　任务2　实现学生成绩管理系统 ·························· 102
　项目6　String 及 StringBuffer ··· 108
　　　　任务　字符串连接操作 ······································· 108
　项目7　定义包和导入包 ··· 115
　　　　任务　将多个类放入同一包中 ···························· 115
　习题5 ·· 118

单元6　Java 的异常处理 ·· 119

　项目8　通过实例了解 Java 的异常 ·· 119
　　　　任务1　编写一个大小写字母转换的案例 ············ 119
　　　　任务2　学习在程序中生成异常处理 ··················· 124
　习题6 ·· 127

单元7　图形用户界面 ··· 128

　项目9　建立学生成绩管理系统用户登录界面 ·· 128
　　　　任务1　建立用户登录界面窗口 ·························· 128
　　　　任务2　为登录界面窗口添加基本组件 ··············· 133
　　　　任务3　布局窗口中的组件 ································· 139
　　　　任务4　为用户登录界面添加事件响应 ··············· 146
　习题7 ·· 157

单元8　Java 的输入/输出 ·· 159

　项目10　建立用户注册系统 ··· 159
　　　　任务1　建立用户信息保存目录 ·························· 159

任务 2　保存用户文件信息	……………………………………………	164
习题 8	………………………………………………………………………………	180

单元 9　多线程机制 …………………………………………………………… 181

项目 11　开发一个"随机摇号小工具" ……………………………………… 181
　　任务 1　"随机摇号小工具"的界面设计 ……………………………………… 182
　　任务 2　"随机摇号小工具"的功能实现 ……………………………………… 183
　习题 9 ……………………………………………………………………………… 195

单元 10　数据库编程 …………………………………………………………… 196

项目 12　开发"用户管理系统" ……………………………………………… 196
　　任务 1　创建 MySql 数据库 …………………………………………………… 197
　　任务 2　创建数据库操作基类 BaseDao 类 …………………………………… 201
　　任务 3　创建实体类 …………………………………………………………… 207
　　任务 4　"用户管理系统"的界面设计 ………………………………………… 208
　　任务 5　"用户管理系统"的功能实现 ………………………………………… 215
　习题 10 …………………………………………………………………………… 227

单元 11　Android 基础知识 ……………………………………………………… 228

项目 13　系统安装与 HelloWorld …………………………………………… 228
　　任务　安装智能手机开发相关软件平台 ……………………………………… 228
项目 14　界面设计——控件与布局 ………………………………………… 231
　　任务　Android 编程基础——UI 设计 ………………………………………… 231
　习题 11 …………………………………………………………………………… 234

Java 语言概述

项目 1　Java 开发平台的搭建及使用

任务 1　初识 Java 语言

任务分析

Java 是一种可以编写跨平台的、面向对象的程序设计语言。本任务将向读者介绍 Java 语言的相关特性，主要目的是让读者对 Java 语言有一个整体的认识，为后续学习打下良好基础。

相关知识点

1. Java 的发展史

1991 年，美国的 Sun 公司成立了专门的研究小组对家用消费电子设备进行前沿性研究。以 James Gosling 领导的 Green 小组在进行软件相关研究时，在开始阶段选择了当时已经成熟的 C/C++语言进行设计和开发，但他们发现执行 C++程序需要大量设备资源，且不能兼容不同的设备。因此，该小组在吸收 C/C++语言优势的基础上，自主创新了一种新的语言，因公司门前有一棵橡树而起名为 Oak（橡树），即 Java 语言的前身。后来，在注册 Oak 商标时，发现它已经被别的公司注册了，所以不得不改名。要取什么名字呢？在命名会议中，有人提出以杯中的爪哇岛（Java）咖啡命名，并得到大家认可，于是 Oak 语言正式改名为 Java 语言，图标也设计为冒着热气的一杯咖啡。

随着 Internet 的发展，Web 应用日益广泛，Java 语言也得到了迅速发展。1995 年 5 月，Sun 公司正式向外界发布 Java 语言，Java 语言正式诞生。1996 年 1 月，发布 JDK1.0；1997 年 2 月，发布 JDK1.1；1998 年 12 月，发布 JDK1.2，JDK1.2 的发布是 Java 语言发展的里程碑，Java 首次被划分为 J2SE、J2EE 和 J2ME。此后，Sun 公司将 Java 改称 Java2，Java 语言也开始被国内开发者学习和使用。2009 年 4 月 20 日，Sun 公司被甲骨文公司收购。

2. Java 的 3 个版本

Java 的应用范围非常广泛，包括桌面应用、网络应用、移动应用，按照应用方向的不同，Java 开发可以对应地分为 3 个方向：桌面开发、网络开发、移动应用开发。为了满足不同的开发需求，Java 分成了 3 个独立的版本：JavaSE、JavaEE 和 JavaME，开发者可以根据自身需求下载不用版本的 Java 进行开发。

（1）JavaSE

Java 平台标准版，全称是 Java Platform Standard Edition，是 Java 技术的核心，也是本书主要讲解的 Java 版本。JavaSE 主要应用于桌面应用开发，包括 C/S 结构程序的开发。

（2）JavaEE

Java 平台企业版，全称是 Java Platform Enterprise Edition，主要应用于网络应用和企业及应用开发。

（3）JavaME

Java 平台微型版，全称是 Java Platform Micro Edition，主要应用于移动开发，针对包括手机、平板、游戏机、机顶盒等移动设备在内的移动应用的开发。

3. Java 的语言特点

Java 是一种优秀的程序设计语言，它的技术特点有很多，最大优点是平台无关性，相同的代码在 Windows、Linux、Solaris、MacOS 等平台上都可以运行，从而实现"一次编写，到处运行"。除此之外，Java 还具有简单性、面向对象、可靠性、安全性、多线程等特性。

（1）简单性

Java 看起来设计得很像 C++，但是为了使语言小和容易熟悉，设计者们把 C++语言中许多可用的特征去掉了，这些特征是一般程序员很少使用的。因此，Java 更容易学习和使用。

（2）平台无关性

Java 的平台无关性是指用 Java 编写的应用程序不用修改即可在不同的硬件平台上运行，即 Java 应用程序的运行不受平台约束——一次编译，可实现多平台运行。

（3）面向对象

Java 语言使用类和对象的概念，实现了对象的封装，类提供了一类相似对象实体的原型，使用继承来实现子类和父类之间的联系，并通过类的多态、抽象和接口等技术使程序易于扩充和维护。

（4）可靠性和安全性

Java 最初设计的目的是应用于电子类消费产品，因此要求有较高的可靠性。

（5）多线程

Java 支持多线程。Java 环境本身是多线程的。Java 语言内置多线程控制，可以大大地简化多线程应用程序的开发。

4. Java 语言应用范围

（1）Android 应用

许多的 Android 应用都是由 Java 程序员开发的。虽然 Android 运用了不同的 JVM 及不同的封装方式，但是代码还是用 Java 语言编写的。相当一部分的手机中都支持 Java 游戏，这就使很多非编程人员都认识了 Java。

（2）网络应用

Java 在电子商务领域及网站开发领域占据了一定的席位。开发人员可以运用许多不同的框架来创建 Web 项目，如 SpringMVC，Struts2.0 及 Frameworks，即使是简单的 Servlet，JSP 和以 Struts 为基础的网站在政府项目中也经常被用到，例如医疗救护、保险、教育、国防及其他部门的网站都是以 Java 为基础来开发的。

（3）嵌入式领域

Java 在嵌入式领域发展空间很大。在这个平台上（在智能卡或者传感器上），只需 130KB 就能够使用 Java 技术。

（4）大数据技术

Hadoop 及其他大数据处理技术很多都是用的 Java，例如 Apache 的基于 Java 的 HBase 和 Accumulo 及 ElasticSearchas。

任务 2　搭建 Java 开发环境

任务分析

安装和配置 Java 开发环境：作为一个开发者在使用 Java 语言进行开发工作之前需要安装和配置 Java 开发环境。Java 开发环境的配置需要安装 JDK（软件开发工具包）和 Java 开发工具。

相关知识点

1. JDK 简介

JDK 是 Sun 公司免费为 Java 程序员提供的 Java 开发工具。JDK 通过命令行运行，JDK 主要包括以下开发工具。

（1）javac.exe

Java 程序编译器，用于将源代码编译成字节码文件，以.class 为扩展名存入 Java 工作目录中。执行命令格式如下：

javac[选项]文件名

（2）java.exe

Java 解释器，用于执行字节码文件。

java 类名

（3）javadoc.exe

Java 文档生成器，用于根据 Java 源文件和包生成 html 格式的文档。

2. 相关开发工具简介

Java 作为一门开源的编程语言，它可以选择的开发工具有很多，有的是收费的，有的是免费的，开发人员需要选择一款适合自己的开发环境，下面对常用的开发软件做简要介绍。

（1）Eclipse

一个开放源代码的、基于 Java 的可扩展开发平台，可以方便地通过插件组件构建开发环境。Eclipse 也是本书使用的开发工具。

（2）NetBeans

开放源码的 Java 集成开发环境，适用于各种客户机和 Web 应用。

（3）IntelliJ IDEA

Java 编程语言开发的集成环境。在业界被公认为最好的 Java 开发工具之一，尤其在智能代码助手、代码自动提示、重构、J2EE 支持、各类版本工具（Git、Svn 等）、JUnit、CVS 整合、代码分析、创新的 GUI 设计等方面的功能可以说是超常的。

（4）MyEclipse

由 Genuitec 公司开发的一款商业化软件，是应用比较广泛的 Java 应用程序集成开发环境。它是收费的。

（5）EditPlus

本身是一款文本编辑器，如果正确配置 Java 的编译器"Javac.exe"及解释器"Java.exe"后，可直接使用 EditPlus 编译执行 Java 程序。

任务实施

1. 实施过程

① 安装和配置 JDK。

② 安装和配置 Eclipse。

2. 实施步骤

（1）JDK 下载

JDK 官方下载地址为：https://www.oracle.com/technetwork/java/javase/downloads/jdk8-downloads-2133151.html。下载时需要注意：首先选中上方的接受协议，再选择适合自己操作系统的包，如果是 64 位 Windows 操作系统应选择 Windows x64，如果是 32 位 Windows 操作系统应选择 Windows x86；另外下载前还需要使用 Oracle 账号登录，如果没有 Oracle 账号还需要注册一个账户。JDK 下载界面如图 1-1 所示。

（2）JDK 安装

双击下载好的安装文件 jdk-8u221-windows-x64.exe 即可开始安装，JDK 安装的初始界面如图 1-2 所示，单击"下一步"按钮。

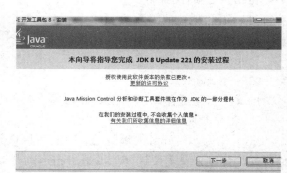

图 1-1　JDK 下载界面　　　　　　　　图 1-2　JDK 安装初始界面

① 选择要安装的可选功能，如图 1-3 所示，然后单击"下一步"按钮。

② 可以根据需要更改安装路径，如无特殊要求，可以单击"下一步"按钮，并弹出"安装 目标文件夹"对话框，如图1-4所示。

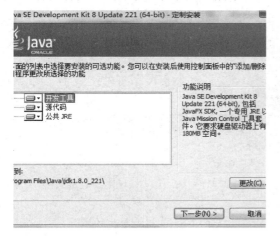

图1-3　选择JDK安装目录及安装组件　　　　图1-4　JRE安装选择目录界面

③ 选择JDK安装目录，如无特殊需要可选默认安装路径，单击"下一步"按钮，进入安装界面，安装完成后会出现如图1-5所示对话框，并单击"完成"按钮。

（3）JDK环境变量配置

① JDK安装完成后需要进行相关配置。右击"我的电脑"，从弹出的快捷菜单中选择"属性"→"高级系统设置"→"高级"选项卡，得到如图1-6所示窗口。

图1-5　JDK安装完成　　　　　　　　　　　图1-6　"高级"选项卡

② 单击"环境变量"按钮，打开"环境变量"对话框，如图1-7所示。

③ 单击"新建"按钮，打开"新建系统变量"对话框，如图1-8所示。在"变量名"文本框中输入：JAVA_HOME，在"变量值"文本框中输入：C:\Program Files (x86)\Java\jdk1.8.0_73（以JDK实际安装路径为准）。

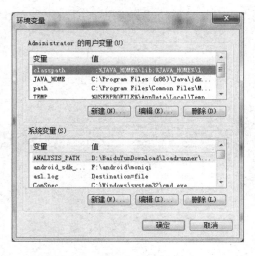

图 1-7 "环境变量"对话框

图 1-8 配置 JAVA_HOME

④ 单击"确定"按钮,再次单击"新建"按钮,输入变量名:classpath,输入变量值:.;%JAVA_HOME%\lib;%JAVA_HOME%\lib\tools.jar;,单击"确定"按钮,如图 1-9 所示。

注意:设置 classpath 变量时,必须添加".;",表示当前目录,用于识别当前目录下的 java 类

⑤ 接着设置 path 变量,如果已经存在 path 变量则直接双击打开,如果没有就单击"新建"按钮,输入变量名:path,输入变量值:%JAVA_HOME%\bin;%JAVA_HOME%\jre\bin(注意变量值之间用";"隔开),然后单击"确定"按钮,如图 1-10 所示。

图 1-9 配置 classpath

图 1-10 配置 path 路径

⑥ 环境变量设置好以后,可以在命令行窗口中执行 javac 命令,验证 JDK 是否正确配置。单击"开始"→"运行"命令,输入 javac 并回车,如果出现命令列表,JDK 安装成功,如图 1-11 所示。

(4)安装和配置 Eclipse

① 访问 http://www.eclipse.org/downloads,打开 Eclipse 下载页面,如图 1-12 所示,单击"Download 64bit",下载 Eclipse 安装文件 eclipse-inst-win64.exe。注意:目前 Eclipse 官网只支持 64 位操作系统下载。

② 下载好 Eclipse 的安装文件后,双击它即可进入安装界面。选择 Eclipse 类型为"Eclipse IDE for Java Developers",如图 1-13 所示。

③ 选择好 Eclipse 类型后就进入 Eclipse 安装界面,需要选择安装路径,可以直接使用默认路径,然后单击"INSTALL"按钮开始安装,如图 1-14 所示。

图 1-11　验证 JDK1.8 是否安装成功

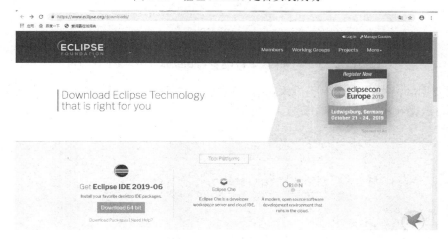

图 1-12　Eclipse 下载网址

图 1-13　选择 Eclipse 类型

图 1-14　Eclipse 安装界面

④ 安装期间会提示接受一些协议，选择接受后，程序的安装过程就会很快，安装结束后可以单击"LAUNCH"按钮，如图 1-15 所示。

图 1-15　Eclipse 安装完毕的界面

任务 3　编写第一个 Java 程序

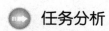 任务分析

使用 Eclipse 编写第一个 Java 程序，输出字符串："Welcome to Java World！"

相关知识点

1. Java 的运行机制

（1）编辑

编辑指在 Java 开发环境中输入程序代码，形成后缀名为.java 的 Java 源文件。

（2）编译

编译是使用 Java 编译器对源文件进行错误排查的过程，编译后将生成后缀名为.class 的字节码文件。

（3）运行

运行指使用 Java 虚拟机将字节码文件翻译成机器代码，执行并显示结果。

Java 程序运行过程如图 1-16 所示。

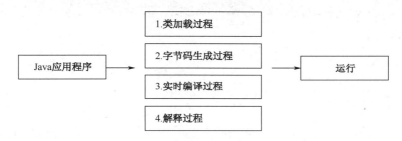

图 1-16 Java 程序的运行过程

2. JAVA 程序分类

Java 程序在它的应用中可以分为两类。

（1）Java 应用程序（Java Application）

以 main()方法作为程序入口，由 Java 编辑器加载执行，可以作为独立的程序运行。

（2）Java 小程序（Java Applet）

没有 main()方法，嵌入在 HTML 文件中，由浏览器或 appletviewer 加载执行。

任务实施

1. 启动 Eclipse

在桌面双击 Eclipse 快捷图标，或者在开始菜单选择"所有程序"→"Eclipse"，启动 Eclipse，出现图 1-17 所示界面，并设置工作目录。可以任意设置工作目录，这里采用默认配置，直接单击"Launch"按钮之后，可出现如图 1-18 所示界面。单击工作区右上角"workbench"链接，进入工作台，界面如图 1-19 所示。

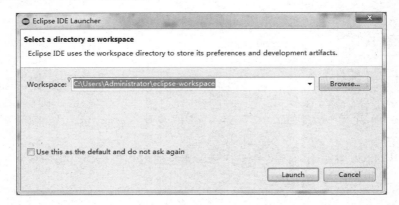

图 1-17 工作目录设置

图 1-18 欢迎界面

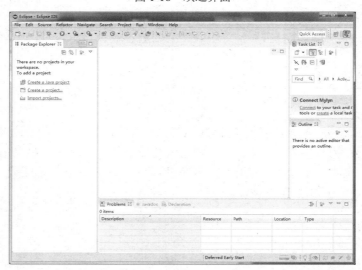

图 1-19 工作台界面

2. 创建一个 Java 工程

（1）选择"File→New→Java Project"命令（如果目录中没有"java project"，就选择"project"，然后再弹出的窗口中选择"java" → "java project"），打开"New Java Project"窗口如图 1-20 和图 1-21 所示。

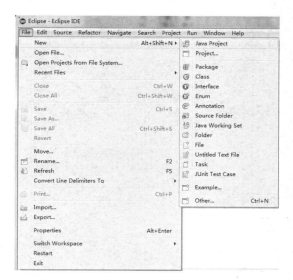

图 1-20 创建工程

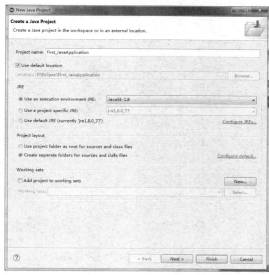

图 1-21 创建一个 java 工程项目

项目名称可以自己取，这里填：MyFirst_JavaApplication，其他的选项采用默认值，直接单击"Finish"按钮，则在工作台左面出现如图 1-22 所示的一个工程。右击项目中的"src"包，在弹出的快捷菜单中选择"New" → "Package"命令，如图 1-23 所示，打开图 1-24 所示窗口。

图 1-22 项目目录树

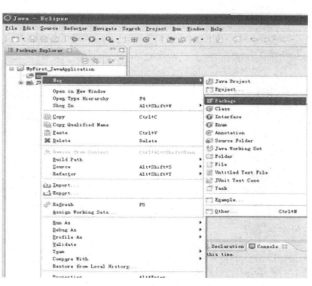

图 1-23 包命令菜单

这里的包名称其实可以随便取，但是正式开发时往往会约定一个命名规范，便于项目的维护，如：cn.edu.fjnu.hyan，填好后，单击"Finish"按钮，打开如图1-25所示窗口。

图1-24 创建包窗口　　　　　　　　　　　　　　1-25 项目目录树

这时可以看到，在 src 目录下出现了刚刚新建的包（所谓包，就是文件夹。例如包名为cn.edu.fjnu.hyan，其实就是在 src 目录下创建文件夹，文件夹名称为"cn"，然后在文件夹"cn"中创建文件夹"edu"，以此类推，最后在 fjnu 目录下建立名为"hyan"的文件夹。）

接下来，在刚刚创建的包中新建一个类，命名为 Test，如图1-26和图1-27所示。

图1-26 创建类的命令　　　　　　　　　　　　　图1-27 创建类

填好类的名称后，勾选图1-27中所示的"public static void main(String[]args)"复选框，

目的是自动生成 main 方法，单击 Finish"按钮，打开如图 1-28 所示窗口。

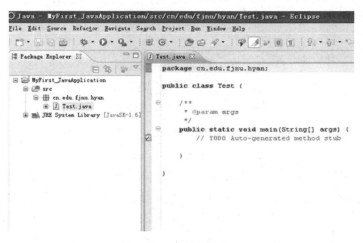

图 1-28　代码编写窗口

在刚刚建立的类文件中可以编写程序代码，这里在 main 方法中加入如下代码，如图 1-29 所示。然后按 Ctrl+F11 组合键运行程序。程序运行后，可以看到如图 1-30 所示窗口，在 Console 窗口中打印出了"hello,World!"

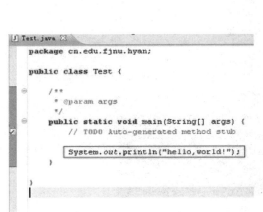

图 1-29　代码窗口　　　　　　　　　图 1-30　运行结果的控制台窗口

到此，一个 Java 程序就完成了。

技能拓展

Java 程序在没有开发工具的情况下，也可以使用记事本和命令行的方式进行开发。

使用记事本和命令行进行开发如步骤如下。

1. 创建一个文本文档"新建文本文档.txt"，用记事本打开文本文档，在其中输入程序源代码，如图 1-31 所示。

图 1-31　用记事本编辑 Java 源代码

2．将文档另存为 MyfirstJava.java.txt 文件，如图 1-32 所示。

图 1-32　另存为对话框

3．使用命令行方式进行编译运行。

（1）打开命令行窗口。单击"开始"按钮，在"搜索程序和文件"输入框中输入 cmd，在搜索到的程序中选择 cmd.exe，即可打开命令行窗口，如图 1-33 所示。

图 1-33　命令行窗口

（2）在命令行窗口中输入命令"D:"，按回车键进入 D 盘根目录，再输入命令"cd javatest"，按回车键后进入源代码所在目录 D:\javatest 文件夹，如图 1-34 所示。

图 1-34　输入命令进入源代码所在目录

（3）编译 Java 源代码。在命令行中输入命令"javac MyfirstJava.java"后按回车键，这样就会在 D:\javatest 文件夹中生成字节码文件"MyfirstJava.class"，如图 1-35 所示。

图 1-35　字节码文件

（4）运行编译好的 Java 字节码文件"MyfirstJava.class"，在命令行中输入"java MyfirstJava"后按回车键，就会出现"hello world!"显示结果，编译运行界面如图 1-36 所示。

图 1-36　编译运行界面

习题 1

一、选题择

1. Java 的主要应用范围有哪些？（　　　）

    A．Android 应用　　　　B．网络应用　　　　C．嵌入式领域　　　　D．大数据技术

2. Java 是对哪种语言的改进？（　　　）

    A．Ade　　　　　　　　B．C++　　　　　　　C．Pascal

二、简答题

1．Java 语言有几个版本？分别是什么？

2．Java 语言的特点是什么？

3．简述 Java 的运行机制。

4．简述 Java 开发环境搭建的步骤。

5．简述使用 Eclipse 进行 Java 程序开发的步骤。

三、编程题

编程输出酒店点餐系统菜单。

酒店点餐系统菜单

1.超值套餐

2.缤纷饮料

3.特色小吃

4.查看所有

单元 2

Java 语言开发基础

项目 2　猜数字游戏

由计算机随机产生 1~100 的一个正整数，用户猜测计算机产生的数，并输入数字，当用户输入与计算机产生的随机数相同时，计算机将提醒用户"恭喜你，猜对了"；当不同时，计算机将会提醒用户"偏大了，请再猜"或是"偏小了，请再猜"，直到与随机数相同为止，最后统计输出用户所猜次数。

任务 1　确定变量

任务分析

猜数字游戏中需要计算机产生随机数，还需要用户输入猜测的数字。本任务就是要确定用哪些变量来保存这些数据，并且如何命名变量。

相关知识点

1. 标识符

Java 中的包名、类名、方法名、参数名、变量名等都需要用一个符号来标识，这个符号就被称为标识符。Java 中标识符的命名规则如下。

① 组成：可由大小写字母、数字、下画线（_）和美元符号（$）组成。
② 开头：必须以字母、下画线（_）或美元符号（$）开头。
③ 字母：严格区分字母的大小写。
④ 长度：无限制。
⑤ 不能与系统中的关键字相同。

2. 关键字

Java 中的关键字都有特殊含义，因此不能用作源程序中类、对象、变量、方法等的标识符，见下表。

分　类	关　键　字
基本数据类型	byte、short、int、long、float、double、char、boolean
分支结构关键字	if、else、switch、case、default、break
循环结构关键字	for、while、do、break、continue
方法、变量和类修饰符	Private、public、protected、final、static、abstract、synchronized
保留字	false、true、null、goto、const
方法相关关键字	return、void
异常处理	try、catch、finally、throw、throws
包相关关键字	package、import
对象相关关键字	new、extends、implements、class、instanceof、this、super

任务实施

本任务中，主要用到下面几个数据：计算机产生的随机数、用户每次所猜的数字、用户所猜次数。按照 Java 中标识符的规定，可以分别给它们命名为 Number、yourGuess、countEnter。

技能拓展

Java 的命名习惯

① 通常在命名类名时，习惯上每个单词第一个字母大写，其余字母都是小写，如 HelloWorld、MyClass、GoustNum、WindouButton 等。

② 变量名和方法名一般用小写字母，但如果是由几个单词构成的，从第 2 个单词开始，每个单词的第 1 个字母都要大写，其余字母都是小写，如 getSource、buttonGetNum 等。

③ 一般情况下，常量名的每个字母都要大写，如 PI、MIN、MAX 等。

任务 2　选择数据类型

任务分析

此任务会用到很多数据，在程序运行的过程中，有些数据的值是改变的，而有些数据的值是不发生改变的，而且在使用这些数据之前都必须先确定数据的类型，对数据进行定义之后才能使用。因此，要先给数据选择适当的类型。

相关知识点

数据类型

Java 语言中的数据类型可以分为基本数据类型和复合数据类型，如下图所示。

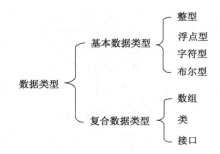

（1）整数类型

① 整型常量。

整型常量可以有三种表示形式：十进制、八进制、十六进制。

十进制数：由 0～9 组成，但不能以 0 开头，如 23，500。

八进制数：由 0～7 组成，且以 0 开头，如 025，076。

十六进制数：由 0～9 和 A～F 组成，且以 0x 开头，如 0x2B，0x3FA。

② 整型变量。

Java 提供了 4 种整数类型，分别是 byte、short、int、long。

整型类型	占用字节数	数 据 位	表 示 范 围
byte	1	8 位	$-2^{7} \sim 2^{7}-1$
short	2	16 位	$-2^{15} \sim 2^{15}-1$
int	4	32 位	$-2^{31} \sim 2^{31}-1$
long	8	64 位	$-2^{63} \sim 2^{63}-1$

（2）浮点类型

① 浮点型常量。

浮点型常量是可以带小数点的数据类型，有两种表示形式：小数点形式和指数形式。

小数点形式：由整数部分、小数点和小数部分组成，如 5.38，427.99。

指数形式：由整数部分、小数点和指数部分组成，其中指数部分是由字母 e 或 E 与带正负号的整数组成。如 2.57E-4。

② 浮点型变量。

浮点型数据可以分为单精度浮点数（float）和双精度浮点数（double）。

浮点类型	占用字节数	数 据 位	范 围
float	4	32 位	-3.4e38～3.4e38
double	8	64 位	-1.7e308～1.7e308

（3）字符类型

① 字符常量。

在 Java 中，字符常量是用单引号括起来的单个字符，如'A'，'b'，'3'等。另外，在 Java 语言中，还存在一种特殊的字符常量，称为转义字符。它是以"\"开头的一个字符序列，都具有特定的含义。常用的转义字符及功能见下表。

单元 2　Java 语言开发基础

转 义 字 符	功　　能
\ddd	1～3 位八进制数所表示的字符
\xxxx	1～4 位十六进制数所表示的字符
\\	反斜杠
\r	回车
\n	换行
\t	横向跳格
\f	换页
\b	退格
\', \"	单引号和双引号

② 字符变量。

Java 中的文本编码采用 Unicode 集，一个字符型数据在内存中存储时占用 2 个字节，即 16 位，字符型变量的类型说明符为 char。

字符型变量的定义形式：

char　变量名；

例如：

char　ch1='a';

对于 char 类型变量，内存分配给 2 字节，占用 16 位，取值范围是 0~65535。

（4）字符串

字符串常量是用双引号括起来的由 0 个或者多个字符构成的字符序列。

字符串型变量的定义形式：

string　变量名；

例如：

string　str ="Chinese";

（5）布尔型

布尔型常量只有两个值 true（真）和 false（假）。

布尔类型变量即逻辑型变量，其取值范围有两种：true（真）和 false（假）。

布尔型变量的定义形式：

boolean　变量名；

例如：

boolean　instance=true;

 任务实施

本任务中所涉及的数据有计算机产生的随机数、用户每次所猜的数字、用户所猜次数，这几个数据在程序每次运行的过程中，都可能发生改变，因此，可以用 3 个变量来表示。因为计算机产生的随机数是 1～100 的正整数，所以，用户每次也会在这个范围内猜测数字，而用户所猜次数也应该是 1~100 之间的正整数。因此,可以将这 3 个变量都定义成整型(int)。

```
int Number;
int yourGuess;
int countEnter;
```

这三个变量都占用 4 个字节, 32 位, 数值范围都在 $-2^{31} \sim 2^{31}-1$。

 技能拓展

数据类型的转换

当把一种数值型数据赋值给另一种数值型变量时,就会涉及数据转换。这些数值型数据按精度从低到高的顺序排列:byte、short、int、long、float、double。

① 当把低精度的数值赋值给高精度的数值型变量时,系统会自动完成数据类型的转换。例如:

```
float    a=35;
```

若输出 a 的值,结果为 35.0。

② 当把高精度的数值赋值给低精度的数值型变量时,要对数据类型进行强制转换。

转换格式:　　(类型名)要转换的值;

例如:

```
float    a=35.25f;
  int    b=(int)a;
  long   c=(long)35.52f;
```

若输出 a,b,c 的值,结果是 35.250000,35,35。

任务 3　确定表达式

 任务分析

在猜数字游戏中,当用户每次输入所猜数字时,程序都要将用户所猜数字与计算机产生的随机数进行比较,可能是大于、小于或者等于的关系。本任务是用 Java 语言中合法的表达式来比较它们之间的关系。

 相关知识点

运算符和表达式

Java 的运算符代表着特定的运算指令,在程序运行时连接的操作数进行相应的运算。Java 中提供了丰富的运算符,按照功能划分主要有赋值运算符、算术运算符、关系运算符、逻辑运算符、条件运算符、位运算符等;按照操作数的多少可划分为一元运算符、二元运算符和三元运算符。

单元 2　Java 语言开发基础

本节主要按功能划分介绍 Java 的运算符及表达式。

1. 赋值运算符

赋值运算符的一般形式：

```
变量名=表达式
```

赋值运算符属于双目运算符，左边操作数必须是变量，不能是常量或表达式，要注意赋值运算符不能理解为过去数学中学过的等号概念。它是将赋值运算符右侧的数据或者表达式的值赋给赋值运算符左侧的变量。

赋值运算符的优先级较低，是 14 级，结合方向自右到左。

例如：

```
i=i+1;
```

上面赋值表达式是将 i 加 1 的值重新赋值给了 i。

2. 算术运算符

算术运算符是数学中最常用的一类运算符，Java 中算术运算符包括+、-、*、/、%。

① +：当表示加法运算符时，为双目运算符；当表示正值运算符时，为单目运算符。例如：7+5，+23。

② -：当表示减法运算符时，为双目运算符；当表示负值运算符时，为单目运算符。例如：15-7，-61。

③ *：乘法运算符为双目运算符，例如：14*6。

④ /：除法运算符为双目运算符，例如：18/3。如果运算符两侧的操作数都是整数，则结果为整数，小数部分被舍弃；但如果运算符两侧的操作数中有实数，则结果为实数。

⑤ %：求余运算符也是双目运算符。例如：25%4。要求该运算符两侧的操作数必须为整数。

其中加减运算符优先级别要低于乘、除、求余运算，正、负值运算符优先级别要高于乘、除、求余、加、减。

3. 自增、自减运算符以及表达式

① ++：自增运算符，属于单目运算符，可以使单个变量的值加 1。

② --：自减运算符，属于单目运算符，可以使单个变量的值减 1。

自增、自减运算符既可以前置，也可以后置。当运算符前置时，表示先增减，后运算；当运算符后置时，表示先运算，后增减。

例如：

```
x=1;
  y=x++;
  z=++x;
```

上例中，第二条语句在执行时，先将 x 的值赋值给 y，然后 x 的值再自加，因此，y 的值为 1，执行完第二条语句后 x 的值为 2；第三条语句在执行时，x 的值先自加，然后再赋值给 z，因此，在执行完第三条语句后，x 和 z 的值都为 3。

4. 关系运算符

关系运算符是用来比较两个值的关系，运算结果是 boolean 型。当由关系运算符构成的表达式成立时，运算结果为"true"，否则为"false"。

例如：15<30 的结果为"true"；'a' >'b'的结果为"false"。

Java 中提供的关系运算符如下表所示。

运 算 符	含 义	优 先 级	结 合 方 向
>	大于	6	左到右
<	小于	6	左到右
>=	大于等于	6	左到右
<=	小于等于	6	左到右
==	等于	7	左到右
!=	不等于	7	左到右

5. 逻辑运算符

逻辑运算符的操作数和运算结果都是布尔型值，逻辑运算符包括&、|、!、∧、&&、||。它们的含义和用法见下表。

运 算 符	含 义	结 合 方 向	举 例	说 明
&	与	左到右	a&b	a,b 都为真时结果才是真，总要计算两边表达式的值
|	或	左到右	a|b	a,b 都为假时，结果才是假，总要计算两边表达式的值
!	非	右到左	!a	a 的值为真时结果为假，反之为真
∧	异或	左到右	a∧b	a,b 同时为真或同时为假时，结果为假
&&	条件与	左到右	a&&b	a,b 都为真时，结果为真。如果左侧表达式的值能决定整个表达式的值，则右侧表达式不执行
||	条件或	左到右	a||b	a,b 都为假时，结果为假。如果左侧表达式的值能决定整个表达式的值，则右侧表达式不执行

例如：

35>25&&45<3

左侧关系表达式的值为 true，右侧关系表达式的值为 false，因此，这个逻辑表达式的值为 false。

6. 位运算符

位运算符用于对二进制位进行操作，只能对整数和字符型数据进行操作，所得结果一定是整数。Java 中提供的位运算符见下表。

运 算 符	含 义	举 例	说 明
~	位反	~a	将 a 逐位取反
&	位与	a&b	a，b 逐位进行与操作
|	位或	a|b	a，b 逐位进行或操作
∧	位异或	a∧b	a，b 逐位进行非操作
<<	左移	a<<b	a 向左移动，位数是 b
>>	右移	a>>b	a 向右移动，位数是 b
>>>	不带符号的右移	a>>>b	a 向右移动，位数是 b，移动后的空位用 0 填补

例如：a=125，b=35，求 a&b 的值。

先将 a，b 转换成二进制数

　　a=01111101，　　b=00100011

对 a，b 按位进行与操作

```
    01111101
&   00100011
    00100001
```

结果为：a&b=33

任务实施

当用户所猜数字不等于计算机产生的随机数时，可以表示为：Number！=yourGuess。
当用户所猜数字大于计算机产生的随机数时，可以表示为：Number<yourGuess。
当用户所猜数字小于计算机产生的随机数时，可以表示为：Number>yourGuess。
当用户所猜数字等于计算机产生的随机数时，可以表示为：Number==yourGuess。
另外，当用户每猜一次数字，所猜次数就会加 1，因此，用户所猜次数变化就可以表示为：countEnter++。

技能拓展

Java 中用到的运算符除了本章介绍的赋值运算符、算术运算符、关系运算符、逻辑运算符、位运算符以外，还有一些特殊的运算符，如分隔符、对象归类运算符等。当一个表达式中出现多种运算符号时，会按照运算符的优先级别来决定运算顺序。Java 中运算符的优先级和结合方向见下表。

运算符	描述	优先级	结合方向
[ ] ( ) . , ;	分隔符	1	从左到右
Instanceof ++ -- !	对象归类，自增自减逻辑非	2	从右到左
* / %	算术乘除运算	3	从左到右
+ −	算术加减运算	4	从左到右
>> << >>>	移位运算	5	从左到右
< <= > >=	大小关系运算	6	从左到右
== !=	相等关系运算	7	从左到右
&	按位与运算	8	从左到右
∧	按位异或运算	9	从左到右
|	按位或运算	10	从左到右
&&	逻辑与运算	11	从左到右
||	逻辑或运算	12	从左到右
? :	三目条件运算	13	从右到左
= += -= *= /= &=	赋值运算	14	从右到左

任务 4 循环猜数并统计次数

任务分析

本任务要求在用户所猜数字不等于计算机产生随机数的情况下，循环执行。如果用户所猜数字大于计算机产生的随机数，则输出"偏大了，请再猜"；否则输出"偏小了，请再猜"；用户继续猜数，直到用户所猜数字等于计算机产生的随机数为止，并统计所猜次数。任务中需要用到控制语句 if…else 来实现选择分支结构，另外，还需要用到循环结构控制语句来实现循环，并且统计次数。

相关知识点

语句的控制结构

1. Java 中的语句大致分为以下几种
（1）表达式语句
表达式语句是最简单的语句，在表达式后边加上分号";"就是一个表达式语句。例如：

```
int  a，b=3，c=5;          //声明变量语句
a=b*c;                    //赋值语句
```

（2）复合语句
可以用一对大括号"{ }"把一些语句括起来就构成一个复合语句，也称为块语句。复合语句中可以包含多种类型的语句。例如：

```
{  int  a, b=3, c=5;
   a=b*c;
   System .out .println(a);
}
```

注意：在复合语句中定义的变量，作用域是整个复合语句，当出了复合语句以后就不起作用了。如果在复合语句中未重新定义变量的话，则复合语句内外是同一个变量。
（3）方法调用语句
例如：Math.random()；//调用 Math 类中 random()方法，产生大于等于 0.0 且小于 1.0 的随机数。
（4）package 语句和 import 语句
package 语句是用来声明包的语句，指明该源文件定义的类所在的包。例如：

```
package  sunrise;
```

import 语句可以引入包中的类，例如：

```
import  java.until.date;
```

（5）控制语句

Java 中的控制语句主要分为选择结构控制语句（if...else、switch 语句）和循环结构控制语句（while、do...while、for 语句）。

2. 选择结构控制语句

Java 语言的选择结构有两种语句，即 if 语句和 switch 语句，其中 if 语句有 3 种形式。

（1）简单 if 语句

简单 if 语句可以实现单分支选择，结构语句形式为：

```
if（表达式）
    语句块
```

其中，if 后面的表达式的值必须是一个逻辑值 false 或 true；语句块可以是单条语句，也可以是复合语句。执行过程如下图所示。

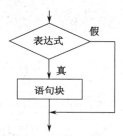

先判断表达式的值，结果如果为 true，则执行语句块，否则直接执行 if 语句的下一条语句。

（2）if...else 语句

if...else 语句可以实现双分支选择结构，语句形式为：

```
if（表达式）
    语句块1
else
    语句块2
```

执行过程如下图所示。

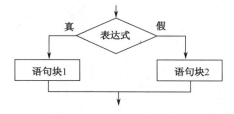

先判断表达式，当表达式的值为 true 时，执行语句块 1，否则，执行语句块 2。

【实例 2-1】编写一个程序，输入一个成绩，判断其是否大于等于 60，如果大于等于 60，则输出"恭喜你，考试通过"，否则输出"对不起，请参加补考"。

```java
public class Example1 {

    public static void main(String[] args) {
        int x=Integer.parseInt(args[0]);
```

```
        if(x>=60){
        System.out.println("恭喜你,考试通过");}

        else
          {
        System.out.println("对不起,请参加补考");}
        }
}
```

程序运行结果为

```
D:\>javac Example1.java
D:\>java Example1    70
恭喜你,考试通过
D:\>
```

（3）if...else 语句的嵌套

if...else 语句的嵌套形式可以实现多分支选择结构，语句形式为：

```
    if（表达式1）
        if（表达式2）
                语句块1
        else
                语句块2
    else
        if(表达式3)
                语句块3
        else
                语句块4
```

在 if 语句的嵌套格式中，可以在表达式成立时，执行语句块中嵌套的 if...else 语句，也可以在表达式不成立时，执行 else 后面的语句块中嵌套的 if...else 语句。

在解决一些复杂问题时，需要对多个条件进行判断，通过 if 语句的嵌套来实现，执行过程如下图所示。

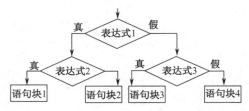

先判断表达式 1 的值，如果表达式 1 成立，则再判断表达式 2 的值；如果表达式 2 成立，则执行语句块 1，否则执行语句块 2；如果表达式 1 不成立，则再判断表达式 3 的值，如果表达式 3 成立，则执行语句块 3，否则执行语句块 4。

【实例 2-2】编写程序，判断某一年是否为闰年。

(闰年的条件是符合下面二者之一：①能被4整除，但不能被100整除；②能被400整除。)

```java
public class LeapYear {
    public static void main(String[] args) {
        Boolean  leap ;
        int  year=2013 ;
        if ( year % 4!= 0 )
        leap=false;
            else
                if(year%100!=0)
                leap=true;
            else
                if(year%400!=0)
                leap=false;
                else
                    leap=true;
        if(leap==true)
            System.out.println(year+"年是闰年");
        else
            System.out.println(year+"年不是闰年");
    }
}
```

程序运行结果为

```
 Problems  @ Javadoc  Declaration  Console
<terminated> LeapYear [Java Application] D:\Program Files\Java
2013年不是闰年
```

3. switch 语句

switch 语句是多分支选择语句，它比 if…else 语句嵌套结构更简单、更清晰。

switch 语句的格式为：

```
switch（表达式）
{
case   常量表达式1：语句块1；break；
case   常量表达式2：语句块2；break；
…
case   常量表达式n：语句块n；
default :语句块n+1；
}
```

执行过程：先计算 switch 后面圆括号中表达式的值，然后用此值依次与各个 case 的常量表达式比较。若圆括号中表达式的值与某个 case 后面的常量表达式的值相等，就执行此 case 后面的语句块，执行后遇到 break 语句就退出 switch 语句，如果没有 break 语句就继续执行下一个 case 后面的语句块，直到遇到 break 语句或"}"才退出 switch 语句块；若圆括号中表达式的值与所有 case 后面的常量表达式的值都不相等，则执行 default 后面的语句块，然后退出 switch 语句，执行下一条语句。

【实例 2-3】编写一个程序，输入学生某科的百分制成绩，并将成绩转换成相应的等级输出。

```java
    import javax.swing.JOptionPane;
public class Grade {
    public  static  void  main (String[ ] args){
        String  StrGrade= JOptionPane.showInputDialog("请输入成绩, 0~100");
        int  iGrade=Integer.parseInt(StrGrade);

        switch(iGrade/10){
        case  0:
        case  1:
        case  2:
        case  3:
        case  4:
        case  5: System.out.println("E");break;
        case  6: System.out.println("D"); break;
        case  7: System.out .println("C"); break;
        case  8: System.out. println ("B");break;
        case  9:
        case  10:System.out.println("A");break;
        default:System.out.println("输入的数不在0~100之内");
        }
    }
}
```

程序运行结果为

4. 循环语句

所谓循环就是在给定条件成立时，反复执行某程序段，直到条件不成立为止。给定的条件称为循环条件，反复执行的程序段称为循环体。Java 中提供了三种循环语句：for 语句、while 语句、do…while 语句。

（1）for 语句

for 语句是一个功能强大而且形式灵活的结构。for 语句的格式为

```
for（表达式1；表达式2；表达式3）
    { 循环体 }
```

其中，表达式 1 给循环变量赋初值；表达式 2 是判断循环是否继续执行的条件；表达式 3 是要改变循环变量的值，使循环趋于结束。

执行过程如下图所示。

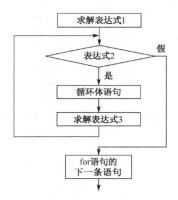

先计算表达式 1 的值，再计算表达式 2 的值，若为真，则执行循环体，若为假，直接跳出循环，然后计算表达式 3 的值；再次计算表达式 2 的值，若为真，再执行循环体，再计算表达式的值，直到某次表达式 2 的值为假，循环结束，执行循环后面的语句。

【实例 2-4】有一对兔子，从出生后第 3 个月起每个月都生一对兔子，小兔子长到第三个月后每个月又生一对兔子，假如兔子都不死，则每个月的兔子总数为多少？

```
public class Rabbits{
public static void main(String[] args) {
System.out.println("第1个月的兔子对数：    1");
System.out.println("第2个月的兔子对数：    1");
int f1 = 1, f2 = 1, f, M=24;
    for(int i=3; i<=M; i++) {
      f = f2;
      f2 = f1 + f2;
      f1 = f;
      System.out.println("第" + i +"个月的兔子对数："+f2);
        }
}
}
```

程序运行结果为

```
第1个月的兔子对数：    1
第2个月的兔子对数：    1
第3个月的兔子对数：  2
第4个月的兔子对数：  3
第5个月的兔子对数：  5
第6个月的兔子对数：  8
第7个月的兔子对数：  13
第8个月的兔子对数：  21
第9个月的兔子对数：  34
第10个月的兔子对数：  55
第11个月的兔子对数：  89
第12个月的兔子对数：  144
第13个月的兔子对数：  233
第14个月的兔子对数：  377
第15个月的兔子对数：  610
第16个月的兔子对数：  987
第17个月的兔子对数：  1597
第18个月的兔子对数：  2584
第19个月的兔子对数：  4181
第20个月的兔子对数：  6765
第21个月的兔子对数：  10946
第22个月的兔子对数：  17711
第23个月的兔子对数：  28657
第24个月的兔子对数：  46368
```

（2）while 语句

while 语句的格式为：

```
while （表达式）
    { 循环体 }
```

执行过程如下图所示。先对表达式进行判断，如果条件为真，执行循环体语句，如果条件为假，则退出循环。

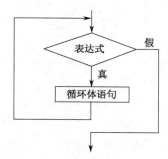

【实例 2-5】在歌星大奖赛中，有 10 个评委为参赛的选手打分，分数为 1～100 分。选手最后得分为：去掉一个最高分和一个最低分后其余 8 个分数的平均值。请编写一个程序实现。

```java
import java.util.*;
public class Sing {

    public static void main(String[] args) {
        int score[]=new int[10];
        Scanner s=new Scanner(System.in);
        System.out.println("请输入每个评委给您打的分数");
        Int x=0;
        While(x<=9){
            Score[x]=s.nextInt();
            System.out.println("第"+(x+1)+"个评委打的分数是"+score[x]);
            X++;
        }
        for(int i=0;i<score.length;i++)
            for(int j=i+1;j<score.length;j++){
                if(score[i]<score[j]){
                    int temp;
                    temp=score[i];
                    score[i]=score[j];
                    score[j]=temp;
                }
            }
        System.out.println("去掉的最高分为："+score[0]);
        System.out.println("去掉的最低分为："+score[9]);
        int sum=0;
        for(int  i=1;i<=8;i++){
            sum+=score[i];

        }
```

```
        float ave=sum/8;
        System.out.println("去掉最高分后,您的总分是"+sum);
        System.out.println("去掉最高分后,您的平均分是"+ave);
        System.out.println("感谢参与比赛,再见");

    }
}
```

程序运行结果为

```
Problems  @ Javadoc  Declaration  Console
<terminated> Sing [Java Application] D:\Program Files\Java\jdk1.7.0_05\bin\javaw.ex
请输入每个评委给您打的分数
90
第1个评委打的分数是90
80
第2个评委打的分数是80
78
第3个评委打的分数是78
98
第4个评委打的分数是98
87
第5个评委打的分数是87
96
第6个评委打的分数是96
60
第7个评委打的分数是60
88
第8个评委打的分数是88
98
第9个评委打的分数是98
95
第10个评委打的分数是95
去掉的最高分为：98
去掉的最低分为：60
去掉最高分后,您的总分是712
去掉最高分后,您的平均分是89.0
感谢参与比赛,再见
```

（3）do…while 语句

do…while 语句的形式为：

```
do
{ 循环体 } while( 表达式 );
```

程序执行过程如下图所示。

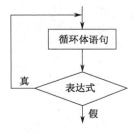

先执行大括号中的循环体语句，然后再对 while 后面括号中的逻辑表达式进行判断，如果表达式为真，则继续执行循环体，否则退出循环体执行下一条语句。

【实例 2-6】现在室内的温度是 32℃，打开空调制冷，直到温度降到 25℃为止。要求在降温过程中不断报告当前的温度。

```java
public class DeTemper {

    public static void main(String[] args) {
        int itemperature = 0;

        itemperature = 32;

        while(itemperature >25){

        itemperature = itemperature-1;

        System.out.println("temperature ="+itemperature);
        }
    }
}
```

程序运行结果为

```
Problems  @ Javadoc  Declaration  Console
<terminated> DeTemper [Java Application] D:\Program Files\Jav
temperature =31
temperature =30
temperature =29
temperature =28
temperature =27
temperature =26
temperature =25
```

（4）while 语句和 do…while 语句的区别

while 语句是"先判断，后执行"，因此，循环体有可能一次都不执行；而 do…while 语句是"先执行，后判断"，因此，循环体至少要执行一次。

书写时，while 语句中，while 后面右括号")"之后没有"；"；而 do…while 语句中，while 后面右括号")"之后，必须加"；"。

以上三种循环语句可以相互进行嵌套，在一个循环体语句中又包含另一个循环语句，构成循环嵌套。循环嵌套的格式有很多，而且嵌套可以是多层，但每一层循环在逻辑上必须是完整的。

【实例 2-7】我国古代百马问题：百马驮百瓦，大马驮 3 块，中马驮 2 块，两匹小马各驮 1 块。请问大马、中马、小马各有多少匹？

```java
public class Test {
    public static void main(String[] args) {
        for (int x = 1; x < 100; x++) {
            for (int y = 1; y < 100; y++) {
                int z = 100 - x - y;
                if (z % 2 == 0) {
                    if ((3 * x + 2 * y + z/ 2) == 100) {
                        System.out.println("大马数量为: " + x);
                        System.out.println("中马数量为: " + y);
```

```
                    System.out.println("小马数量为: " + z);
                }
            }
        }
    }
}
```

程序运行结果为

```
Problems  @ Javadoc  Declaration  Console
<terminated> Test [Java Application] D:\Program Files\Java
大马数量为:2
中马数量为:30
小马数量为:68
大马数量为:5
中马数量为:25
小马数量为:70
大马数量为:8
中马数量为:20
小马数量为:72
大马数量为:11
中马数量为:15
小马数量为:74
大马数量为:14
中马数量为:10
小马数量为:76
大马数量为:17
中马数量为:5
小马数量为:78
```

任务实施

```
while(yourGuess!=Number){
        if(yourGuess>Number){
            System.out.println("偏大了，请再猜");
        }
        else{
            System.out.println("偏小了，请再猜");
        }
        countEnter++;
        yourGuess=reader.nextInt();

}
```

技能拓展

跳转语句

Java 语句中提供了三种跳转语句，分别是 break、continue 和 return 语句。

1. break 语句

前面讲的 switch 语句中已经使用了 break 语句，除此之外，break 语句还可以用于终止循环语句的执行。break 语句的格式是：

```
break [ 标号标识符 ];
```

其中，break 之后可以有标号标识符，也可以没有 break 语句在循环语句中的作用是：
① 如果没有标号标识符，那么 break 语句会立即退出本层循环。
② 如果有标号标识符，那么 break 语句会立即退出标号标识符所标识的循环，执行该循环的下一条语句。

【实例2-8】编写一程序，计算2×4×6×…一直到积大于20000时停止，要求输出大于20000时的积和乘数。

```java
public class Product {
    public static void main(String[ ]args){
    int i=2;
    int product=1;
    while(true){
        product=product*i;
        if (product>= 20000 )break;
        i=i+2;
    }
System.out.println("i="+i+","+"product="+product);
    }
}
```

程序运行结果为

```
<terminated> Product [Java Application] D:\Program Files\Java\jdk1.7.
i=12,product=46080
```

2. continue 语句

continue 语句只能用在循环结构中，语句格式为：

```
continue [ 标号标识符 ];
```

其中，标号标识符同样可有可无。如果没有，则会立即结束本次循环，开始下一次循环；如果有标号标识符，则会立即退出本次循环，开始执行标号所标识的新一轮循环。

【实例2-9】编写程序，输出九九乘法表的下三角。

```java
public class MultiplicationTabls{
  public static void main (String [ ] args){
  a1: for(int i=1 ; i<=9 ; i++ )
    {  for(int j=1; j<=9;j++)
     { if ( j > i ){
        System.out.println();
        continue a1;}
        System.out.print(i +"*"+ j +"="+(i * j)+" ");
      }
    }
```

    }
}
```

程序运行结果为

```
<terminated> MultiplicationTabls [Java Application] D:\Program Files\Java\jdk1.7.0_05\bin\javaw.exe (20
1*1=1
2*1=2   2*2=4
3*1=3   3*2=6   3*3=9
4*1=4   4*2=8   4*3=12  4*4=16
5*1=5   5*2=10  5*3=15  5*4=20  5*5=25
6*1=6   6*2=12  6*3=18  6*4=24  6*5=30  6*6=36
7*1=7   7*2=14  7*3=21  7*4=28  7*5=35  7*6=42  7*7=49
8*1=8   8*2=16  8*3=24  8*4=32  8*5=40  8*6=48  8*7=56  8*8=64
9*1=9   9*2=18  9*3=27  9*4=36  9*5=45  9*6=54  9*7=63  9*8=72  9*9=81
```

3. return 语句

return 语句总是用在方法中，它有两个作用，一个是返回方法指定类型的值（这个值总是确定的），另一个是结束方法的执行（仅仅一个 return 语句）。

【实例 2-10】编写程序，计算两个圆的面积。

```
class CircleArea{
  final static double PI=3.1415926;
  public static void main(String args[ ])
{
    double r1=3.2,r2=7.8;
    System.out.println("半径为"+r1+"的圆面积="+area(r1));
    System.out.println("半径为"+r2+"的圆面积="+area(r2));
}
static double area(double r){
    return(PI*r*r);
}
}
```

程序中，在主函数中调用 area()方法时，return 语句会将"PI*r*r"的值返回到主函数中调用该方法的位置。

任务 5　Java 注释

  任务分析

对该项目中关键语句的功能进行注释说明。

  相关知识点

注释

注释是程序员为了提高程序的可读性和可理解性，在源程序的开始或中间对程序的功能、作用、使用方法等所写的注解。注释是程序中的说明性文字，是程序的非执行部分。Java 语
```

言中注释有两种类型：

① 注释一行。以"//"开始，以回车结束，一般作单行注释使用，也可以放在某个语句的后面。

② 注释一行或多行。以"/*"开始，以"/*"结束，中间可写多行。

项目实施

该项目的程序代码如下：

```java
import java.util.*;//导入包，以便使用Scanner
public class GuessNumber {


    public static void main(String[] args) {
        System.out.println("给你一个1～100的整数，请猜测这个数");
        int Number=(int)(Math.random()*100)+1;//随机产生1～100的整数
        int yourGuess=0;
        Scanner reader =new Scanner(System.in);//用户从键盘上输入用户猜测的数据
        System.out.println("输入你的猜测");//输入用户猜测的数据
        yourGuess=reader.nextInt();//调用reader方法获取用户从键盘输入的整数，并
//赋值给yourGuess
        int countEnter=0;
        while(yourGuess!=Number){//如果用户猜测的数据和实际产生的数据不符时
            if(yourGuess>Number){
                System.out.println("偏大了，请再猜");
            }
            else{
                System.out.println("偏小了，请再猜");
            }
            countEnter++;
            yourGuess=reader.nextInt();//继续获取用户猜测的数据

        }
        System.out.println("恭喜你，猜对了");
        System.out.println("你一共猜测了"+(countEnter+1)+"次");



    }


}
```

程序运行结果为

习题 2

一、选择题

1. 下面选项中，非法标识符是（　　）。
   A．IDoLikeTheLongNameClass　　　　　　B．$byte
   C．3_case　　　　　　　　　　　　　　　D．_ok
2. 下面哪一项在 Java 中是非法标识符是（　　）。
   A．$user　　　B．point　　　C．You&me　　　D．_endline
3. 下列属于 Java 关键词的是（　　）。
   A．TRUE　　　B．goto　　　C．float　　　D．NULL
4. 下列不属于简单数据类型的是（　　）。
   A．整数类型　　　B．类　　　C．符点数类型　　　D．布尔类型
5. int 类型整型变量在内存中的位数为（　　）。
   A．8　　　B．16　　　C．32　　　D．64
6. 若有定义 int a=1,b=2；那么表达式(a++)+(++b) 的值是（　　）。
   A．3　　　B．4　　　C．5　　　D．6
7. 在 Java 中语句：37.2%10 的运算结果为（　　）。
   A．7.2　　　B．7　　　C．3　　　D．0.2
8. 下列属于条件运算符的是（　　）。
   A．+　　　B．?:　　　C．&&　　　D．>>
9. 00101010(|)00010111 语句的执行结果为（　　）。
   A．00000000　　　B．11111111　　　C．00111111　　　D．11000000
10. 在 Java 语句中，位运算操作数只能为整型或（　　）数据。

A．实型　　　　　　　B．字符型　　　　　　C．布尔型　　　　　　D．字符串型

11．下列语句序列执行后，m 的值是（　　　）。
　　　int　a=10,b=3,m=5；
　　　if(a==b)　m+=a；else　m=++a*m；
　　A．15　　　　　　　B．50　　　　　　　　C．55　　　　　　　　D．5

12．下列语句序列执行后，j 的值是（　　　）。
　　　int　j=1；
　　　for(int i=5； i>0； i-=2)　j*=i；
　　A．15　　　　　　　B．1　　　　　　　　C．60　　　　　　　　D．0

13．以下 for 循环的执行次数是（　　　）。
　　　for(int x=0； (x==0)&(x<4)； x++)；
　　A．无限次　　　　　B．一次　　　　　　　C．执行 4 次　　　　　D．执行 3 次

14．下列语句序列执行后，j 的值是（　　　）。
　　　int　j=2；
　　　for(int i=7； i>0； i-=2)　j*=2；
　　A．15　　　　　　　B．1　　　　　　　　C．60　　　　　　　　D．32

15．下列语句序列执行后，i 的值是（　　　）。
　　　int s=1，i=1；
　　　while(i<=4)　{s*=i； i++； }
　　A．6　　　　　　　　B．4　　　　　　　　C．24　　　　　　　　D．5

16．若有以下循环：
　　　int x=5，y=20；
　　　do {　　y-=x； x+=2； }while(x<y);
则循环体将被执行（　　　）。
　　A．2 次　　　　　　B．1 次　　　　　　　C．0 次　　　　　　　D．3 次

17．以下由 do…while 语句构成的循环执行的次数是（　　　）。
　　　do { ++m； } while (m < 8);
　　A．一次也不执行　　　　　　　　　　　　B．执行 1 次
　　C．8 次　　　　　　　　　　　　　　　　D．有语法错误，不能执行

18．下列程序 test 类中的变量 c 的最后结果为（　　　）。

```
public class test
{
  public static void main(String args[])
  {
    int a=10;
    int b;
    int c;
    if(a>50)
     {
```

```
            b=9;
        }
    c=b+a;
    }
}
```
    A. 10　　　　　　B. 0　　　　　　C. 19　　　　　　D. 编译出错

19. 三元条件运算符 ex1?ex2：ex3，相当于下面（　　）语句。
    A. if（ex1） ex2；else ex3；　　　　B. if（ex2） ex1；else ex3；
    C. if（ex1） ex3；else ex2；　　　　D. if（ex3） ex2；else ex1；

20. 关于 while 和 do…while 循环，下列说法正确的是（　　）。
    A. 两种循环除了格式不同外，功能完全相同
    B. 与 do…while 语句不同的是，while 语句的循环至少执行一次
    C. do…while 语句首先计算终止条件，当条件满足时，才去执行循环体中的语句
    D. 以上都不对

21. 下列程序的输出结果为（　　）。

```
public class test
{
    public static void main(String args[])
    {
        int a=0;
        outer:  for(int i=0;i<2;i++)
            {
                for(int j=0;j<2;j++)
                {
                    if(j>i)
                    {
                        continue outer;
                    }
                        a++;
                }
                System.out.println(a);
            }
    }
}
```
    A. 0　　　　　　B. 2　　　　　　C. 3　　　　　　D. 4

二、填空题

1. 标识符是以字母、下画线、_____ 作为首字母的字符串序列。
2. 下面的语句是声明一个变量并赋值：
   boolean b1=5！=8；
   b1 的值是_____。
3. 八进制整数 017 表示十进制的_____。

4. 浮点型数据属于实型数据，分为_____和 double 两种类型。

5. 下面程序用 for 语句实现 1~10 累计求和。请在横线处填入适当内容完成程序。

```
Public class Sum
 {
 public static void main(String args[])
   {
 System.out.println("\\n******for循环******");
 sum=0;
 for(int i=1;_____i++)
   {
      sum+=i;
   }
 System.out.println("sum is"+sum);
 }
 }
```

三、编程题

1. 打印 2~10000 的所有素数（素数是指除了能被 1 和它本身整除外，不能被其他数所整除的数）。

2. 一个球从 100 米高度自由落下，每次落地后反跳回原高度的一半；再落下，求它在第 10 次落地时，共经过多少米？第 10 次反弹多高？

3. 企业发放的奖金根据利润提成。利润（I）低于或等于 10 万元时，奖金可提 10%；利润高于 10 万元，低于 20 万元时，低于 10 万元的部分按 10%提成，高于 10 万元的部分，可提成 7.5%；20 万~40 万元时，高于 20 万元的部分，可提成 5%；40 万~60 万元时高于 40 万元的部分，可提成 3%；60 万~100 万元时，高于 60 万元的部分，可提成 1.5%，高于 100 万元时，超过 100 万元的部分按 1%提成，从键盘输入当月利润，求应发放奖金总数。

4. 猴子吃桃问题：猴子第一天摘下若干个桃子，当即吃了一半，还不过瘾，又多吃了一个；第二天早上又将剩下的桃子吃掉一半，又多吃了一个。以后每天早上都吃了前一天剩下的一半零一个。到第 10 天早上想再吃时，则只剩下一个桃子了。求第一天共摘了多少桃子。

5. 有 5 个人坐在一起，问第 5 个人多少岁时，他说比第 4 个人大 2 岁；问第 4 个人岁数，他说比第 3 个人大 2 岁；问第 3 个人，又说比第 2 人大两岁；问第 2 个人，说比第 1 个人大 2 岁；最后问第 1 个人，他说是 10 岁。请问第 5 个人多少岁？

单元 3

面向对象基础知识

项目 3　学生信息管理系统

开发一个学生信息管理的程序段，其要求如下。
① 男生有 3 名，女生有 3 名。请输出他们的姓名、性别和学号。
② 其中李明是男生，也是班长，请输出其信息。
③ 对所有学生的成绩信息进行输出。
④ 通过比较班上的成绩，选出成绩最好的学生和成绩最差的学生。

任务 1　抽象学生类，创建学生对象

任务分析

本任务的所有要求都是围绕学生的，所以提取一个类，就是学生类。这个类中的变量是根据实例要求而定义的，这些变量就是类中的属性。

相关知识点

1. 类与对象的概念及其关系
（1）对象的概念
对象（Object）是现实世界中实际存在的某个具体实体。例如，人作为对象具有性别、姓名、身高、年龄、文化程度等特征，具备说话、吃饭、睡觉、工作等功能（行为）。对象也可以是无形的，如象棋的输赢规则。对象包含特征和行为：特征是指对象的外观、性质、属性等；行为是指对象具有的动作、功能等。
（2）类的基本概念
把客观世界众多的事物进行归纳、分类，把具有相同特征及相同行为的对象的集合称为一类对象。分类的原则是抽象。因此类是同种对象的集合与抽象。类是抽象的，对象是具体的，对象是类的实例化。
例如：创建一个电视机类，它包含：
class　Tv

属性：尺寸、型号、生产厂家
方法：打开、关闭

【实例 3-1】

```java
public class Tv{
    int size;
    String style;
    String factory;
    void open(){
            System.out.println("它有打开功能");
    }
    void close(){
            System.out.println("它有关闭功能");

    }
}
```

（3）类与对象的关系

类是一组具有共同性质的对象的集合，而对象是类的具体实例。类是模板，对象是类的实例化，如下图所示。

将类实例化成对象

2. 类的定义

（1）定义格式

类是组成 Java 程序的基本元素，它封装了一系列的成员变量和成员方法，它是一种复合数据类型，是对象的模板。类是通过 class 来定义的，定义格式如下。

```
[修饰符]class 类名{
//定义属性部分
成员变量1;
成员变量2;
…
成员变量n;
//定义方法部分
方法1;
方法2;
…
 方法n;
}
```

① 类的修饰类包括 public、default、private、protected、abstract、final，一般的类只有 public 和 default 两种访问权限，公有的类可以在不同包中引用，默认类只能在同一包中引用。

在 Java 语言中，一个类还可以定义在另一个类的内部，称为内部类。内部类可以有 private 和 protected 权限。

② class 关键字：class 是 Java 定义使用的关键字，表明其后定义的是一个类，用在修饰符和类名中间，使用空格隔开。

③ 类名：类名要符合 Java 的命名规范，同时要见其名知其义，即能反映出类的功能，类名的第一个字母通常大写，如果类名是由多个单词构成的，每个单词的首字母都应大写。

④ 包含 main()方法的类为主类，主类可以独立运行。

⑤ 用 final 修饰的类不能再派生类，它已经到达类层次中的最底层。

（2）类的成员变量与方法

类的成员变量用于描述类的特征或属性，如姓名、大小、身高等名词。类的成员变量可以是基本数据类型，也可以是对象、数组等复合数据类型。类的成员变量的声明格式如下。

```
[修饰符] 数据类型 成员变量名[=初值];
```

如

```
String name="Rose"; int age=20;
```

成员变量的修饰符包括 public、default、private、protected、static、final，这些修饰符用于确定成员变量的被访问范围及创建过程。

public：此变量可以被任何类访问。

protected：此变量可以被此类及其子类及与此类同一包中的类访问。

private：此变量只能被此类的方法访问。

final：说明此变量是一个最终变量，即此变量在程序运行过程中不能改变，所以 final 必须带一个初始值。final 一般用来定义一个常量。

static：说明此变量是一个静态变量或者称为类变量，而一个静态变量由此类的所有实例对象所共享。在编译时，静态变量保存在为类声明的存储单元中，同时在访问静态变量时也无须事先初始化它所在的类。

static 修饰的成员变量为类的成员变量，而不是一个类对象的成员变量。对于此类的任何一个具体对象而言，经过 static 修饰的成员变量被保存在此类内存的公共存储单元中，而不是保存在某个对象的内存区中，所以任何一个类对象在访问它时都会获得相同的数值。同样任何一个对象对类的成员变量修改后，类的其他对象会得到修改过的值，而且所得数值相同。

【实例 3-2】定义一个通信类。

```
public class  Communication {
    // 以下是该类的成员变量的声明
    String name;              // 姓名
    String phoneNum;          // 联系电话
    String email;             // E-mail
    String address;           // 家庭住址
    // 定义该类的方法
```

```
    public void printMessage() {
        System.out.println("姓名：    " + name);
        System.out.println("联系电话：   " + phoneNum);
        System.out.println("电子邮箱地址：" + email);
        System.out.println("目前居住地址：" + address);
    }

}
```

【实例3-3】定义一个学生档案类，包括有学生姓名、性别和所在学校。

```
public class Student {

    String name;
    String sex;
    static String school="北京市某大学";//类变量
    public static void main(String[] args) {
        Student m=new Student();
        Student y=new Student();
        m.name="李明";
        m.sex="男";
        y.name="王敏";
        y.sex="女";
        Student.school="北京大学";//对类变量进行赋值
        System.out.println(m.name+"  "+m.sex+"  "+m.school);
        System.out.println(y.name+"  "+y.sex+"  "+y.school);
    }
}
```

程序运行结果为

```
<terminated> Student (1) [Java Application] D:\Progran
李明 男 北京大学
王敏 女 北京大学
```

3. 创建对象

（1）创建对象的格式

类是对象的模板，对象是类的实例化。Java通过关键字new来创建对象。其格式为

```
类名 对象名=new 类名([参数1,参数2…]);
```

例如：创建通信类对象

```
Communication c;
c= new Communication();
或Communication c= new Communication ();
```

单元 3　面向对象基础知识

（2）对象的使用

创建类的对象是为了能够使用类中已经定义好的成员变量和成员方法。对象通过使用运算符"."可以实现对类的成员变量的访问和成员方法的调用。调用语法如下：

```
对象名.成员变量
对象名.成员方法名([参数1，参数2...]);
```

如：

```
c.name="王五";              c. phoneNum="13922224567";
c.email ="wangwu@xx.com";   c.address "太原小店区";
c.printMessage();
```

● 任务实施

程序文本 TestStudent.java

```
class Student01 {
    String name;
    String code;
    String sexy;
    String duty;
    double achievement;

}

public class TestStudent {
    public static void main(String[] args) {
        Student01 s = new Student01();
        s.name = "王刚";
        s.code = "001";
        s.sexy = "男";
        s.duty = "班员";
        s.achievement=87.6;
        System.out.println(" 姓 名： "+s.name+";"+" 学 号： "+s.code+";"+" 性 别：
"+s.sexy+";"+"职务: "+s.duty+";"+"成绩: "+s.achievement);
    }
}
```

程序运行结果为

```
Problems  @ Javadoc  Declaration  Console
<terminated> TestStudent [Java Application] D:\Program Files\Java\jdk1.7.0_05\bin\javaw.e
姓名：王刚;学号：001;性别:男;职务:班员;成绩: 87.6
```

● 技能拓展

类的出现，将原先的过程化程序设计推到了面向对象编程，这是一个质的变化。

类的出现，让程序都以模块化结构来编写，为程序员编写程序，带来了很大的好处。任务中对 Student01 类的调试是在测试类 TestStudent 类中进行的，在项目中每一个有实际含义的类都要单独定义。另外，类变量不需要对类进行实例化就可以直接访问，但实例变量首先要进行实例化后方能进行访问。

任务 2　确定输出学生信息的方法

任务分析

分析项目中需要程序员做什么事情，而要做的事情就是类中的方法。观察项目中的 4 个要求，主要做的是输出和排序，那么类的方法中必须要有输出方法和排序方法。

相关知识点

类的方法

类中的方法又称为成员方法或成员函数，用于描述所具有的功能和操作，是一段完成某种功能或操作的代码。

1. 方法定义的格式

[访问修饰符]<修饰符>返回值类型　方法名称([参数列表]){方法体}

① 返回值类型：表示方法返回值的数据类型。如果方法不返回任何值，则必须声明为 void（空），否则必须有 return 语句。方法返回值类型必须与 return 语句后面表达式的数据类型保持一致。

② 方法名称：定义符合 Java 标识符的规范，且第一个字母一般小写，有多个单词时，从第二个单词开始首字母大写。

③ 参数列表：参数用于方法接收调用者传递的数据信息，有多个参数时应该用逗号间隔，参数格式为

数据类型　参数名

方法中的参数为形参，调用者传入的参数为实参。

```
public String toString(){
    String info="姓名："+name+";"+"学号："+code+";"+"性别："+sexy+";"+"职务："+duty+"成绩："+achievement;
    return info;
}
```

2. 方法的使用

定义类的方法的目的是供对象调用，以实现其功能。

先创建对象，然后使用"对象名 .方法名([实参1,实参2…]);"来调用。

若两方法在同一类中，可以直接使用"方法名([实参1,实参2…]);"来调用。

使用 static 修饰的方法调用时无须定义对象，可以通过类名直接使用。

【实例 3-4】方法的引用。

```java
public class Excer {
    public static void main(String args[]) {
        Excer ex = new Excer();
        int x = 10;
        int y = 2;
        ex.math(x, y);
    }

    void math(int x, int y) {
        MyMath mm = new MyMath();
        System.out.println("x=" + x + " ,y=" + y);
        System.out.println("x+y=" + mm.plus(x, y));
        System.out.println("x-y=" + mm.minus(x, y));
        System.out.println("x*y=" + mm.multi(x, y));
        System.out.println("x/y=" + mm.div(x, y));
    }
}

class MyMath {
    int plus(int a, int b) {
        return (a + b);
    }

    int minus(int a, int b) {
        return (a - b);
    }

    int multi(int a, int b) {
        return (a * b);
    }

    float div(int a, int b) {
        return ((float) a / b);
    }
}
```

程序运行结果为

```
<terminated> Excer [Java Application] D:\Program Files\J
x+y=12
x-y=8
x*y=20
x/y=5.0
```

【实例 3-5】 使用类方法统计某个班级的学生成绩。

```java
import javax.swing.JOptionPane;
public class Cnt {

    static double sum=0;
    static int score;
    public static void count(int ss){
        sum+=ss;
    }
    public static void main(String[] args) {
        int number=0;
        for(int i=1;i<=2;i++){
            String str=JOptionPane.showInputDialog("请输入您的成绩");
            score=Integer.parseInt(str);
            Cnt.count(score);
            number+=1;
        }
        System.out.println("统计学生人数为="+number);
        System.out.println("学生总成绩="+sum);
        System.exit(0);

    }

}
```

程序运行结果为

3. 构造方法

类中包含成员变量和方法。在方法中，除了一般方法外，还可以定义构造方法，在创建对象时自动调用对象进行初始化操作。

构造方法区别于一般方法的特殊性在于：

① 构造方法的名字必须与类的名字完全相同；
② 构造方法不返回任何数据类型，也不需要使用 void 关键字声明；
③ 构造方法的作用是创建对象并初始化成员变量；
④ 在创建对象时，系统会自动调用类的构造方法；
⑤ 构造方法一般用 public 声明，这样保证在程序任意位置创建对象。

每个类至少有一个构造方法。如果不定义，Java 提供一个默认的不带参数的且方法体为空的构造方法。

如果类中显示定义了构造方法，则系统不再提供默认的不带参数且方法体为空的构造方法。

【实例 3-6】使用不同的构造方法对 Person 对象进行初始化。

```java
public class ClassDemo_05 {
    public static void main(String[] args) {
        System.out.println("使用第一个构造方法创建的"人"类的信息如下：");
        Person p = new Person(); // 使用无参的构造方法创建Person对象
        p.info(); // 调用Person类的info方法
        System.out.println("使用第二个构造方法创建的"人"类的信息如下：");
        Person p1 = new Person(p); // 使用将对象作为参数的构造方法创建Person
//对象
        p1.info(); // 调用Person类的info方法
        System.out.println("使用第三个构造方法创建的人类的信息如下：");
        Person p2 = new Person("张小红", '女', 13);// 使用指定值为参数的构
//造方法创建Person对象
        p2.info(); // 调用Person类的info方法
    }
}

class Person {
    // 声明"人"类的三个基本属性
    public String name; // 姓名
    public char sex; // 性别
    public int age; // 年龄

    // 设置默认值
    Person() {
        name = "张三";
        sex = '男';
        age = 35;
    }

    // 对象作为构造函数的参数
    Person(Person p) {
        name = p.name;
        sex = p.sex;
        age = p.age;
    }

    // 指定值初始化对象
```

```java
    Person(String name, char sex, int age) {
        this.name = name;
        this.sex = sex;
        this.age = age;
    }

    // 输出Person的基本信息
    public void info() {
        System.out.println("姓名: " + name + " 性别: "+ sex +"年龄: "+ age);
    }
}
```

程序运行结果为

```
Problems  @ Javadoc  Declaration  Console
<terminated> ClassDemo_05 [Java Application] D:\Program
姓名: 张三 性别: 男 年龄: 35
使用第三个构造方法创建的人类的信息如下:
姓名: 张小红 性别: 女 年龄: 13
```

【实例 3-7】建立简单的通信类，并创建一个简单的通信录。

```java
public class Communication {
    // 以下是该类的成员变量的声明
    String name;          // 姓名
    String phoneNum;      // 联系电话
    String email;         // E-mail
    String address;       // 家庭住址
    // 利用该类的构造方法为其成员变量赋值
    public Communication (String name, String phoneNum, String email, String address) {
        this.name = name;
        this.phoneNum = phoneNum;
        this.email = email;
        this.address = address;
    }
    // 定义该类的方法
    public void printMessage() {
        System.out.println("姓名:     " + name);
        System.out.println("联系电话:   " + phoneNum);
        System.out.println("电子邮箱地址: " + email);
        System.out.println("目前居住地址: " + address);
    }
    public static void main(String[] args) {
        // 用关键字new创建该类的实例化对象，为成员变量赋值
        Communication cd = new Communication ("王五", "13922224567",
```

```
            "wangwu@xx.com", "太原小店区");
        // 调用方法
        cd.printMessage();
    }
}
```

4. 方法重载

方法重载是指多个方法具有相同的名称，但是参数不同。参数的不同主要包括参数的个数、类型、顺序的不同。当一个重载方法被调用时，Java 根据参数的类型和数量确定调用的重载方法。

```
例如：Person(Person p) {
            name = p.name;
            sex = p.sex;
            age = p.age;
        }
Person(String name, char sex, int age) {
            this.name = name;
            this.sex = sex;
            this.age = age;
        }
```

以上参数的个数不同，从而实现了方法的重载。

思考：

下面哪些是 void show(int a，char b，double c){}的重载方法？

void show(int x，char y，double z){}//没有，因为和原方法一样。

int show(int a，double c，char b){}//重载，因为参数类型不同。注意：重载和返回值类型没关系。

void show(int a，double c，char b){}//重载，因为参数类型不同。注意：重载和返回值类型没关系。

boolean show(int c，char b){}//重载了，因为参数个数不同。

void show(double c){}//重载了，因为参数个数不同。

double show(int x，char y，double z){}//没有，这个方法不可以和给定函数同时存在于一个类中。

任务实施

程序文本 TestStudent.Java。

```
class Student01 {
    String name;
    String code;
    String sexy;
    String duty;
    double achievement;
    public String toString(){
```

```
            String info="姓名："+name+";"+"学号："+code+";"+"性别："+sexy+";"+"职务：
"+duty+"成绩："+achievement;
            return info;
        }
        public Student(String name) {
            this.name = name;
        }
    }
    public class TestStudent {
        public static void main(String[] args) {
            Student01 s = new Student01("王刚");
            s.code = "001";
            s.sexy = "男";
            s.duty = "班员";
            s.achievement=87.6;
            System.out.println(s.toString());
        }
    }
```

程序运行结果为

技能拓展

（1）在调用 static 方法时可以使用"类名.方法名"的方式调用，而不用像非 static 方法使用"对象名.方法名"的方式，因为非 static 方法首先要创建对象。

（2）Java 类库 Math 类提供了实现常用数学函数运算的标准方法，这些方法都是 static 方法。引用数学函数类方法的格式如下。

类名.数学函数方法名(类型 实参1,…类型 实参n)

【实例3-8】求输入的两个数的最大值。

```
public class Max {

    public static void main(String[] args) {

        int x,y;
        x=Integer.parseInt(args[0]);
        y=Integer.parseInt(args[1]);
        System.out.println("最大值是"+Math.max(x, y));
    }
}
```

程序运行结果为

任务 3　数据隐藏的"隐私"程序设计

任务分析

在现实生活中，人的年龄不能小于 0，所以要求使用封装来完成对属性的控制，当年龄输入错误时提示出错。

相关知识点

封装

1. 封装的概念

所谓封装就是类的设计者只为使用者提供类对象可以访问的部分（包含类的成员变量和方法），而对于类中其他成员变量和方法都隐藏起来，用户不能访问。

封装涉及的几个方面：

（1）在类的定义中设置对对象中的成员变量和方法进行访问的权限；

（2）提供一个统一供其他类引用的方法；

（3）其他对象不能直接修改本对象所拥有的属性和方法。

2. 如何实现封装

Java 为对象变量提供四种访问权限：public、private、protected、default。如果不想让其他类对其进行访问，或者只允许类中的方法来访问当前类中的成员变量和方法，那就可以使用 private 来定义。private（私有），权限修饰符：用于修饰类中的成员（成员变量，成员函数）。私有只在本类中有效。

【实例 3-9】在 Person 类中将 age 私有化以后，Person 类以外即使建立了对象也不能直接访问。但是人应该有年龄，就需要在 Person 类中提供对应访问 age 的方式（setter 及 getter 方法）。之所以对外提供访问方式，就是因为可以在访问方式中加入逻辑判断等语句，对访问的数据进行操作。

```
class Person
{
    private int age;
    public void setAge(int a)
    {
        if(a>0 && a<130)
        {
```

```java
            age = a;
            talk();
        }
        else
            System.out.println("feifa age");
    }

    public int getAge()
    {
        return age;
    }
    private void talk()
    {
        System.out.println("age="+age);
    }
}

public class PersonDemo
{
    public static void  main(String[] args)
    {
        Person p = new Person();
        //p.age = -20;不能直接访问其他类中的 private属性
        p.setAge(-40);//可以通过setter方法设置值
        //p.talk();不能直接访问其他类中的private方法
        System.out.println("age="+p.getAge());//可以通过getter方法获取值
    }
}
```

如果要实现一个对属性的访问和设置，一般应该有以下几项内容：
- 一个私有的数字字段；
- 一个公开的字段访问器；
- 一个公开的字段设置器。

（1）get 访问器只查看对象的状态或者返回对象的属性值。访问器有以下特点：
- 方法声明部分有返回值类型；
- 方法声明没有参数；
- 方法体内有返回语句。

（2）设置器主要是完成某个对象属性值的赋值功能。设置器有以下特点：
- 方法返回类型为 void，即不返回类型；
- 方法声明中至少有一个参数；
- 方法体内肯定有赋值语句。

设置器和访问器的作用：在创建对象后，为数据对象设置一些字段，主要是为了减轻构造器的负担。私有仅仅是封装的一种表现形式。

 任务实施

```
public class Student {

    private String name;
    private String code;
    private String sexy;
    private String duty;
    private double achievement;

    public Student(String name) {
        this.name = name;
    }

    public void set(String name, String code, String sexy, String duty) {
        this.name = name;
        this.code = code;
        this.sexy = sexy;
        this.duty = duty;
    }

    public String getName() {
        return name;
    }

    public void setName(String name) {
        this.name = name;
    }

    public String getCode() {
        return code;
    }

    public void setCode(String code) {
        this.code = code;
    }

    public String getSexy() {
        return sexy;
    }
```

```java
    public void setSexy(String sexy) {
        this.sexy = sexy;
    }

    public String getDuty() {
        return duty;
    }

    public void setDuty(String duty) {
        this.duty = duty;
    }

    public double getAchievement() {
        return achievement;
    }

    public void setAchievement(double achievement) {
        this.achievement = achievement;
    }
    public void print(){
        System.out.println("学生"+name+"的成绩是："+achievement);
    }
    public String toString(){
        String info="姓名："+name+";"+"学号："+code+";"+"性别："+sexy+";"+"职务："+duty;
        return info;
    }
    /*这是主程序，构造出6个对象。使用带参数的构造器来构造
    再使用设置器来设置对象属性
    再用toString方法来将对象信息输出 */

    public static void main(String[] args) {
        Student str1=new Student("王刚");
        Student str2=new Student("刘洁");
        Student str3=new Student("李丽");
        Student str4=new Student("张杰");
        Student str5=new Student("孙洁");
        Student str6=new Student("李明");
        //构建一个学生类的对象数组，将所有的对象放到数组内
        Student[]st=new Student[]{str1,str2,str3,str4,str5,str6};
        //通过设置器对几个对象进行赋值
            str1.set("王刚","001","男","班员");
            str2.set("刘洁","002","女","班员");
```

```
        str3.set("李丽","003","女","班员");
        str4.set("张杰","004","男","班员");
        str5.set("孙洁","005","女","班员");
        str6.set("李明","006","男","班长");
        System.out.println(str1.toString());
        System.out.println(str2.toString());
        System.out.println(str3.toString());
        System.out.println(str4.toString());
        System.out.println(str5.toString());
        System.out.println(str6.toString());
        str1.setAchievement(87.6);
        str2.setAchievement(98);
        str3.setAchievement(67.8);
        str4.setAchievement(96);
        str5.setAchievement(65.5);
        str6.setAchievement(94);
        str1.print();
        str2.print();
        str3.print();
        str4.print();
        str5.print();
        str6.print();
        //通过循环语句对数组元素进行排序
        for(int i=0;i<st.length;i++)
            for(int j=i+1;j<st.length;j++){
                //通过比较两个元素的大小,由大到小排序
                if (st[i].achievement<st[j].achievement) {
                    Student x;
                    x=st[i];
                    st[i]=st[j];
                    st[j]=x;

                }
            }
        System.out.println("成绩最好的是"+st[0].name+"成绩是"+st[0].achievement);
        System.out.println("成绩最差的是"+st[5].name+"成绩是"+st[5].achievement);



    }

}
程序运行结果为
```

技能拓展

构造方法也有 public 和 private 之分，public 修饰的构造方法可以在程序的任何地方被调用，新创建的对象也可以自动调用。但如果构造方法为 private，则无法在此构造方法所在的类以外的地方被调用，这样没法成功创建对象。

习题 3

一、简答题

1．面向对象设计有哪几个基本特点？
2．简述构造方法的特点。

二、编程题

1．定义一个 Box（盒子）类，在该类定义中包括

数据成员：length（长）、width（宽）和 height（高）；

成员函数：构造函数 Box 设置盒子长、宽和高三个初始数据；函数 volume 计算并输出盒子的体积。

在 main 函数中，要求创建 Box 对象，并求盒子的体积。

2．定义一个 Student 类，在该类定义中包括：一个数据成员 score（分数）及两个静态数据成员 total（总分）和学生人数 count；成员函数 scoretotalcount(float s) 用于设置分数、求总分和累计学生人数；静态成员函数 sum()用于返回总分；静态成员函数 average()用于求平均值。

在 main 函数中，输入某班同学的成绩，并调用上述函数求全班学生的总分和平均分。

3．编写一个学生类 students，该类包括学号 no、姓名 name、性别 sex 和年龄 age 成员变量；该类的成员方法有 getNo、getName、getSex、getAge 和 setAge。

4．给第 3 题创建的类添加构造方法为所有成员变量赋初值，构造方法要有以下 4 种格式：

（1）包括 no、name、sex 和 age 四个参数。

（2）包括 no、name 和 sex 三个参数。

（3）包括 no 和 name 两个参数。

（4）只包括 no 一个参数。

面向对象高级特性

项目 4　动物园中游客与动物玩耍

在动物园中，游客们在和动物高兴地玩耍，可爱的小动物们非常高兴，请对此场景进行描述。

任务 1　不同动物的行为表现

动物（Animal）包括：Dog、Cat、Goat、Wolf，狗吃骨头、猫吃鱼、山羊吃草、狼吃肉；狗汪汪叫，猫喵喵叫，山羊咩咩叫，狼嗷嗷叫；但是走路的行为 walk()一致。通过继承实现以上需求，并编写 AnimalTest 测试类进行测试。

◎ 任务分析

抽取四种动物的共同特性放在父类中，不同特性放在子类中。

◎ 相关知识点

1. 继承

继承是面向对象程序设计思想中最重要的一个特性。通过继承可以有效地建立程序结构，明确类之间的关系，增强程序的可扩展性和可维护性。

（1）继承的概念

在已有类的基础上定义新类，而不需要把已有类的内容重新定义一遍，这种做法就是继承。已有类称为基类或父类，在此基础上建立的新类称为派生类或子类。

（2）继承的特点

子类继承父类之后，子类也就拥有了父类的非私有的成员属性和成员方法，同时可以根据实际需要拥有自己的属性和方法。

（3）继承的实现

Java 中使用关键字 extends 实现继承，如果所定义的类是从某一父类派生而来，那么父类的名字应写在 extends 之后，其基本语法格式如下：

```
class 子类名 extends 父类名{}
```

【实例 4-1】 Cat 继承父类 Animal，拥有父类非私有的属性和方法。

```java
public class TestAnimal {

    public static void main(String[] args) {
        Cat c=new Cat();
        c.name="嘟嘟";
        c.eat();
    }

}
class Animal{
    String name;
    void eat(){
        System.out.println(name+"正在吃东西");
    }
}
class Cat extends Animal{

}
```

程序运行结果为

```
Problems  @ Javadoc  Declaration  Console
<terminated> TestAnimal [Java Application] D:\Program Files\Ja
嘟嘟正在吃东西
```

【实例 4-2】 用继承的思想实现"人"类、教师类、学生类。其中教师类、学生类都属于"人"类，因此，"人"类可以作为父类，教师类和学生类可作为子类继承"人"类。

```java
public class TestPerson {

    public static void main(String[] args) {
        Teacher t=new Teacher();
        t.name="李老师";
        Students s=new Students();
        s.name="张同学";
        t.personalAbility();
        s.personalAbility();
    }

}
class Person{
    String name;
    void personalAbility(){
```

```
                    System.out.println(name+"具有个人能力");
                }
}
class Teacher extends Person{

}
class Students extends Person{

}
```

程序运行结果为

```
 Problems  @ Javadoc  Declaration  Console 
<terminated> TestPerson [Java Application] D:\Program Fil
李老师具有个人能力
张同学具有个人能力
```

特别注意：
① Java 只允许单继承，而不允许多重继承，即一个子类只能有一个父类。
② 如果子类继承了父类，则子类自动具有父类的全部非私有的成员。
③ 子类可以定义自己的成员，同时也可以修改父类的数据成员或重写父类的方法。
④ Java 中允许多层继承，如：A 继承 B，B 继承 C，因此子父类关系是相对的。
⑤ 在 Java 中，Object 类是超类或基类，所有类都直接或间接地继承了此类。

2. 方法的覆盖

当子类继承父类，而子类中的方法与父类中的方法的名称、返回值类型及参数完全一致，而仅方法体不一样时，就称子类中的方法覆盖了父类中的方法，也称为方法的覆盖或重写。

【实例 4-3】

```
            public class TestPerson {

                public static void main(String[] args) {
                Teacher t=new Teacher();
                t.name="李老师";
                Students s=new Students();
                s.name="张同学";
                t.personalAbility();
                s.personalAbility();
                }

}
class Person{
                String name;
                void personalAbility(){
                    System.out.println(name+"具有个人能力");
                }
```

```
}
class Teacher extends Person{
            void personalAbility(){
            System.out.println(name+"具有教学能力");
            }
}
class Students extends Person{
            void personalAbility(){
            System.out.println(name+"具有学习能力");
            }
}
```

程序运行结果为

```
Problems  @ Javadoc  Declaration  Console
<terminated> TestPerson [Java Application] D:\Program Fil
李老师具有教学能力
张同学具有学习能力
```

本例的子类继承了父类方法 personalAbility()方法，而子类也定义了一个 personalAbility()方法，从继承的概念上讲子类应该拥有两个 personalAbility()方法，但实际上在使用子类对象调用方法时，运行的是子类的 personalAbility()方法，即子类重写了父类的方法。

3. this 和 super 关键字

（1）this 关键字的用法

① this 代表当前对象。

```
public   void   printNum(){
    int  number=40;
        System.out.println(this.number);  }
```

此时打印的是实例变量，而非局部变量，即定义在类中而非方法中的变量。

this.number 表示实例变量。谁调用 this.number，那么谁即为当前(this)对象的 number 方法。

② 在构造方法中，this 表示本类的其他构造方法：student(){}。

```
student(string n){
  this();//表示调用student()  }
```

如果调用 student(int a)，则为 this(int a)。

特别注意：用 this 调用其他构造方法时，this 必须为第一条语句，然后才是其他语句。

【实例 4-4】this 的用法。

```
public class UseThis {
    public static void main(String[] args) {
        Film f = new Film();
        System.out.println("欢迎收看\"佳片有约\"栏目,今天为您推荐的影片如下：");
        // 获取Film类中的所有属性值
```

```java
            System.out.println("片名: " + f.title);
            System.out.println("导演: " + f.director);
            System.out.println("主演: " + f.star);
            System.out.println("上映日期: " + f.showDate);
        }
    }
}
class Film {
    String title;           // 片名
    String director;        // 导演
    String star;            // 主演
    String showDate;        // 上映的时间
    // 以下实现了该类的构造方法的重载
    Film() {
        this("2013年6月26日");// 调用本身
    }
    Film(String showDate) {
        this("《盗梦空间》","克里斯托弗·诺兰 ", "哈迪");
        this.showDate = showDate;
    }
    Film(String title, String director) {
        this.title = title;
        this.director = director;
    }
    Film(String title, String director, String star) {
        this(title, director);
        this.star = star;
    }
}
```

程序运行结果为

```
<terminated> UseThis [Java Application] D:\Program Files
欢迎收看"佳片有约"栏目,今天为您推荐的影片如下：
片名：《盗梦空间》
导演：克里斯托弗·诺兰
主演：哈迪
上映日期：2013年6月26日
```

（2）super 关键字

关键字的主要功能是实现子类的方法调用父类中的方法。

① super 表示所在类的父类对象，使用 super 关键字可以调用父类的属性和方法。

② 子类的构造方法中可以调用父类的构造方法。

③ 子类中的无参数构造方法默认第一句是调用父类的无参数构造方法。使用 super 调用父类的方法实际上主要是调用被子类覆盖的方法。

【实例 4-5】super 的用法。

```java
public class UseSuper {
    public static void main(String[] args) {
        // 分别用不同的4种方法创建State类对象
        State sta1 = new State("张三", '男', 22, "中国");
        State sta2 = new State("芭拉连根", '女', 41, "印度");
        State sta3 = new State();
        State sta4 = new State(sta1);
        // 分别调用State类的属性和其父类Person的showMessage方法
        System.out.print("显示第一个人的基本信息：");
        sta1.showMessage();
        System.out.println("此人的国籍是：" + sta1.name);
        System.out.print("\n显示第二个人的基本信息：");
        sta2.showMessage();
        System.out.println("此人的国籍是：" + sta2.name);
        System.out.print("\n显示第三个人的基本信息：");
        sta3.showMessage();
        System.out.println("此人的国籍是：" + sta3.name);
        System.out.print("\n显示第四个人的基本信息：");
        sta4.showMessage();
        System.out.println("此人的国籍是：" + sta4.name);
    }
}
class Person {
    public String name;    // 姓名
    public char sex;       // 性别
    public int age;        // 年龄
    // 设置默认值
    Person() {
        name = "李丽";
        sex = '女';
        age = 26;
    }
    // 对象作为构造方法的参数
    Person(Person p) {
        name = p.name;
        sex = p.sex;
        age = p.age;
    }
    // 指定值初始化对象
    Person(String name, char sex, int age) {
        this.name = name;
```

```java
            this.sex = sex;
            this.age = age;
        }
        // 输出person的基本信息
        public void showMessage() {
            System.out.println("姓名: " + name + "\n性别: " + sex +"\n年龄: " + age);
        }
}
// 实现所有超类的构造方法
class State extends Person {
        public String name; // 国家的名字
                    // 设置默认值
        State() {
            super();
            name = "中国";
        }
        // 对象作为构造方法的参数
        State(State ch) {
            super(ch);
            super.name = "罗伯特·波义耳";
            this.name = "英国";
        }
        // 指定值初始化类Chinese的对象
        State(String n, char s, int a, String na) {
            super(n, s, a);
            name = na;
        }
}
```

程序运行结果为

```
Problems  @ Javadoc  Declaration  Console
<terminated> UseSuper (1) [Java Application] D:\Program Files\Java'
显示第一个人的基本信息: 姓名: 张三
性别: 男
年龄: 22
此人的国籍是:中国

显示第二个人的基本信息: 姓名: 芭拉连根
性别: 女
年龄: 41
此人的国籍是:印度

显示第三个人的基本信息:: 姓名: 李丽
性别: 女
年龄: 26
此人的国籍是:中国

显示第四个人的基本信息: 姓名: 罗伯特·波义尔
性别: 男
年龄: 22
此人的国籍是:英国
```

（3）this 与 super 区别

① this 与 super 是任何 Java 默认拥有的两个引用变量，this 指向本类，super 指向本类的父类。使用 this 和 super 可以对本类或父类中的构造器方法或成员变量、成员方法进行访问。

② this 与 super 在子类中对本类和父类构造方法的调用格式分别为

```
this(与子类构造方法对应的实参列表)
super(与父类构造方法对应的实参列表)
```

③ 对本类和父类成员变量的访问格式分别为

```
this.成员变量名
super.成员变量名
```

【实例 4-6】使用 this 和 super 访问类的成员变量。

```java
class Superclass{
                int x=10;
}

public class Subclass extends Superclass {
        private int x=5;
        public void printValue(int x){
        System.out.println("方法的局部变量x的值为"+x);
        System.out.println("子类成员变量x的值为"+this.x);
        System.out.println("父类中定义的成员变量x的值为"+super.x);
        }
        public static void main(String[] args) {
            Subclass sub=new Subclass();
            sub.printValue(0);

        }

}
```

程序运行结果为

```
Problems  @ Javadoc  Declaration  Console
<terminated> Subclass [Java Application] D:\Program Files\
方法的局部变量x的值为0
子类成员变量x的值为5
父类中定义的成员变量x的值为10
```

4. 子类的构造方法

类的构造方法名称必须与类名相同，因此，父类构造方法是不能直接被子类继承下来的。而子类通过继承拥有的成员变量实际上是由从父类继承下来的成员变量与新增成员变量组成的。那么，对子类进行初始化应包括对父类成员变量的初始化和对自身成员变量的初始化。而对父类成员变量的初始化通常是通过父类的构造方法进行的，因此，子类构造方法一般包含两部分内容：对父类构造方法的调用和对自身成员变量的初始化。

子类继承父类，子类创建时先创建父类。子类构造方法的一般形式如下：

```
子类类名（构造函数参数列表）{
super(与父类构造函数器方法参数相对的实参);
//对子类成员的初始化
}
```

① 首先通过 super 调用父类中对应的构造方法对从父类继承下来的成员进行初始化，然后再对子类新增成员进行初始化。

② 在子类构造方法中，使用 super 调用父类构造方法的语句必须为构造方法中的第一条语句。

③ 当父类中没有构造方法或只有没带参数的构造方法时，系统会为子类构造方法自动加上 super 语句，可以不显式地添加对父类构造方法的调用；但如果父类中有带参数的构造方法，那么，必须显式地在构造方法中使用 super 调用父类的带参数的构造方法，否则编译将报错。

【实例 4-7】轿车与本田的关系。

```java
public class CarTest {
    public static void main(String[] args) {
        Car1 c = new Car1();// 利用无参数构造方法创建第一个Car1对象
        System.out.println("第一辆车的详细信息如下:");
        System.out.println("生产厂家: " + c.produce);// 调用Car1的produce属性
        c.showColor();          // 调用其父类Car的showColor方法
        c.showModel();          // 调用其父类Car的showModel方法
        Car1 c1 = new Car1("银白色");
        System.out.println("\n第二辆车的详细信息如下:");
        System.out.println("生产厂家: " + c1.produce);
        c1.showColor();
        c1.showModel();
        Car1 c2 = new Car1("蓝色", "卡车", "天津一汽");
        System.out.println("\n第三辆车的详细信息如下:");
        System.out.println("生产厂家: " + c2.produce);
        c2.showColor();
        c2.showModel();
    }
}
class Car {// 父类
    String color;      // 颜色属性
    String model;      // 车的类型
    public Car() {     // 无参数构造方法，为其两个属性赋值
        this.color = "红色";
        this.model = "轿车";
    }
```

```java
    public Car(String color, String model) {// 带有两个参数的构造方法
        this.color = color;
        this.model = model;
    }
    public void showColor() {// 显示车的颜色
        System.out.println("车的颜色: " + this.color);
    }
    public void showModel() {// 显示车的类型
        System.out.println("车的类型: " + this.model);
    }
}
class Car1 extends Car {        // 子类继承父类
    String produce;              // 生产厂家
    Car1(String color, String model, String produce) {// 带有三个参数的构造方法
        super(color, model);// 调用父类的构造方法
        this.produce = produce;
    }
    Car1(String color) {     // 带有一个参数的构造方法
        this.color = color;
        this.produce = "广州本田";
    }
    Car1() {                  // 无参数构造方法
        this("黑色");
    }
}
```

程序运行结果为:

```
Problems  @ Javadoc  Declaration  Console
<terminated> CarTest [Java Application] D:\Program Files\J
第一辆车的详细信息如下:
生产厂家: 广州本田
车的颜色: 黑色
车的类型: 轿车

第二辆车的详细信息如下:
生产厂家: 广州本田
车的颜色: 银白色
车的类型: 轿车

第三辆车的详细信息如下:
生产厂家: 天津一汽
车的颜色: 蓝色
车的类型: 卡车
```

任务实施

程序文本 TestAnimal.Java

```java
        public class TestAnimal {

    public static void main(String[] args) {
        Animal a=new Animal();
        a.name="小动物";
        a.cry();a.eat();a.walk();
        Cat c=new Cat();
        c.name="波斯";c.cry();c.eat();c.walk();
        Dog d=new Dog();
        d.name="旺财";d.cry();d.eat();d.walk();
        Goat g=new Goat();
        g.name="小绵";g.cry();g.eat();g.walk();
        Wolf w=new Wolf();
        w.name="灰太狼";w.cry();w.eat();w.walk();
    }


}
class Animal{
    String name;
    void cry(){
        System.out.println(name+"会叫");
    }
    void eat(){
        System.out.println(name+"会吃");
    }
    void walk(){
        System.out.println(name+"四肢行走");
    }
}
class Cat extends Animal{
    void cry(){
        System.out.println(name+"喵喵叫");
    }
    void eat(){
        System.out.println(name+"吃鱼");
    }


}
class Dog extends Animal{
    void cry(){
```

```java
            System.out.println(name+"汪汪叫");
        }
        void eat(){
            System.out.println(name+"吃骨头");
        }
    }
    class Goat extends Animal{
        void cry(){
            System.out.println(name+"咩咩叫");
        }
        void eat(){
            System.out.println(name+"吃草");
        }
    }
    class Wolf extends Animal{
        void cry(){
            System.out.println(name+"嗷嗷叫");
        }
        void eat(){
            System.out.println(name+"吃肉");
        }
    }
```

程序运行结果为

```
Problems  @ Javadoc  Declaration  Console
<terminated> TestAnimal (1) [Java Application] D:\Program
小动物会叫
小动物会吃
小动物四肢行走
波斯喵喵叫
波斯吃鱼
波斯四肢行走
旺财汪汪叫
旺财吃骨头
旺财四肢行走
小绵咩咩叫
小绵吃草
小绵四肢行走
灰太狼嗷嗷叫
灰太狼吃肉
灰太狼四肢行走
```

技能拓展

子类继承父类，当子类与父类有完全相同的方法名、返回值类型和参数列表时，就可以形成方法覆盖。方法的覆盖还应遵循以下规则

① 覆盖方法的访问控制应该与它所覆盖的方法的访问控制相同或更宽松。

② 覆盖方法不能比它所覆盖的方法抛出更多的异常。

③ 被 final 修饰的方法是不能被覆盖的。

任务 2　利用多态解决游客与动物玩耍

任务分析

定义父类 Animal 引用指向子类，覆盖方法，实现多态。

相关知识点

多态

1. 多态的概念

多态是指 Java 运行时的多态性，是面向对象程序设计中实现代码重用的一种机制。Java 实现多态的基础是动态方法调用，即父类某个方法被其子类重载时，可以产生自己的功能行为。

多态可以分为运行时多态和静态多态。静态多态可简单地理解为方法重载。在实际编写程序时动态多态的用法更为广泛和有效。

2. 多态实现的三个条件

（1）有继承关系。

（2）有方法的覆盖（否则多态没有意义），在面向对象程序设计中，需要利用这种同名方法操作不同的对象，提高程序的抽象度和简洁性。

（3）有父类引用指向子类对象。

【实例 4-8】

```
public class TestExtends {

    public static void main(String[] args) {
        Student stu=new Student();
        stu.name="李四";
        stu.show();
        Person p=new Student();//父类引用指向子类对象
        p.name="张三";
        p.show();//调用执行子类覆盖的方法
    }

}
class Person{
    String name;
    public void show(){
        System.out.println(name);
    }
```

```
}
class Student extends Person{
        public void show(){
            System.out.println("子类的show方法:"+name);
        }
}
```

程序运行结果为

```
Problems  @ Javadoc  Declaration  Console
<terminated> TestExtends [Java Application] D:\Progra
子类的show方法:李四
子类的show方法:张三
```

【实例 4-9】

```
public class TestExtends {

    public static void main(String[] args) {

        Person p=new Student();//父类引用指向子类对象
        p.name="张三";
        p.show();//调用执行子类覆盖的方法
//p.no="001";不能用p引用子类 no,由于p是父类引用，它并不具备子类的方法或属性
        Student s=(Student)p;
        //由于p这个对象实际是指向Student的，所以此处可以使用强制类型
//将其转换为Student
        s.no="001";//此时就可以引用Student中的属性no
        s.show();
    }

}
class Person{
    String name;
    public void show(){
        System.out.println(name);
    }
}
class Student extends Person{
    String no;
    public void show(){
        System.out.println("子类的show方法:"+name+"学号是: "+no);
    }
}
```

程序运行结果为

```
<terminated> TestExtends [Java Application] D:\Program
子类的show方法:张三学号是: null
子类的show方法:张三学号是: 001
```

注意：【实例4-9】中

`Person p= new Student();Student s=(Student)p;//这就是多态`

以上创建了父类引用p指向子类对象,为了引用子类自己添加的成员,可以对p进行强制转换成子类引用。

`Person p=new Person();Student s=(Student)p2;`

创建的就是父类引用p指向父类对象,不能对p强制转换成子类对象。

【实例4-10】饮食文化。

```java
import java.util.Date;
public class MyDay { // 该程序的测试类
    public static void main(String[] args) {
        Person1 p = new Chinese(); // 实例化对象
        p.name = "张丽"; // 为成员变量name赋值
        p.Dinner_Time(p); // 吃饭的时间
        Chinese c = new Chinese(); // 创建子类Chinese对象
        c.personal(); // 调用Chinese类的personal方法
        c.Dinner_Time(c); // 调用重载父类的Dinner_Time
        System.out.println();
        Person1 p1 = new Foreigners();
        p1.name = "Tom";
        p1.Dinner_Time(p1);
        Foreigners f = new Foreigners();
        f.personal();
        f.Dinner_Time(f);
    }
}

class Person1 { // "人"类
    String name; // 人的姓名
    Date date = new Date();
    int hour = date.getHours(); // 获得时间

    public void Dinner_Time(Person1 person) { // 吃饭的时间
        if (this.hour <= 8 && this.hour > 7) { // 7:00～8:00之间-早餐
            this.Breakfast(person);
        } else if (this.hour <= 13 && this.hour > 11) { // 11:00～13:00之间-午餐
```

```java
            this.Lunch(person);
        } else if (this.hour <= 20 && this.hour >= 17) { // 17:00~20:00之间-晚餐
            this.Dinner(person);
        }
    }

    public void Breakfast(Person1 person) { // 早餐
        System.out.println(this.name + "到该吃早餐的时间了");
    }

    public void Lunch(Person1 person) { // 午餐
        System.out.println(this.name + "到该吃午餐的时间了");
    }

    public void Dinner(Person1 person) { // 晚餐
        System.out.println(this.name + "到该吃晚餐的时间了");
    }
}

class Chinese extends Person1 { // 中国人
    // 继承并重载父类的方法, 是Java多态性的一种体现
    public void Dinner_Time(Chinese person) { // 吃饭的时间
        Chinese cns = new Chinese();
        if (this.hour <= 8 && this.hour > 7) { // 7:00~8:00之间-早餐
            this.Breakfast(cns);
        } else if (this.hour <= 13 && this.hour > 11) { // 11:00~13:00之间-午餐
            this.Lunch(cns);
        } else if (this.hour <= 20 && this.hour >= 17) { // 17:00~20:00之间-晚餐
            this.Dinner(cns);
        }
    }

    public void Breakfast(Chinese person) { // 早餐
        System.out.println("中国人早晨吃: 包子, 油条, 粥和豆浆");
    }

    public void Lunch(Chinese person) { // 午餐
        System.out.println("中国人中午吃: 米饭, 馒头, 蔬菜和肉类");
    }

    public void Dinner(Chinese person) { // 晚餐
        System.out.println("中国人晚上吃: 粥, 馒头, 蔬菜和水果");
    }
```

```java
        // 子类自己特有的方法
        public void personal() {
            System.out.println("我是中国人！");
            this.Dinner(this);
            this.Lunch(this);
            this.Breakfast(this);

        }
}

class Foreigners extends Person1 {  // 外国人
    // 继承并重载父类的方法，是Java多态性的一种体现
    public void Dinner_Time(Foreigners person) {  // 吃饭的时间
        Foreigners frs = new Foreigners();
        if (this.hour <= 8 && this.hour > 7) {  // 7:00～8:00之间-早餐
            this.Breakfast(frs);
        } else if (this.hour <= 13 && this.hour > 11) {// 11:00～13:00之间-午餐
            this.Lunch(frs);
        } else if (this.hour <= 20 && this.hour >= 17) {// 17:00～20:00之间-晚餐
            this.Dinner(frs);
        }
    }

    public void Breakfast(Foreigners person) {  // 早餐
        System.out.println("外国人早晨吃：面包加黄油，牛奶，火腿");
    }

    public void Lunch(Foreigners person) {  // 午餐
        System.out.println("外国人中午吃：汉堡，炸马铃薯，一些蔬菜");
    }

    public void Dinner(Foreigners person) {  // 晚餐
        System.out.println("外国人晚上吃：萨饼，蔬菜，牛肉，水果，甜点，面包 ");
    }

    // 子类自己特有的方法
    public void personal() {
        System.out.println("I am a British! ");
        this.Dinner(this);
        this.Lunch(this);
        this.Breakfast(this);
    }
}
```

程序运行结果为

```
我是中国人！
中国人晚上吃：粥，馒头，蔬菜和水果
中国人中午吃：米饭，馒头，蔬菜和肉类
中国人早晨吃：包子，油条，粥和豆浆

I am a British!
外国人晚上吃：萨饼，蔬菜，牛肉，水果，甜点，面包
外国人中午吃：汉堡，炸马铃薯，一些蔬菜
外国人早晨吃：面包加黄油，牛奶，火腿
```

3. 多态的用法

(1) 使用父类声明作为方法的形参，子类对象作为实参传入。

(2) 使用父类声明的数组存储子类的对象。

【实例4-11】

```java
public class Employee {//父类Employee是由普通员工和管理员工总结抽象出来的
    public String name;
    public Employee(String name){
        this.name=name;
    }
    public void showInfo(){

    }
    public static void main(String[] args) {
        Employee[] emp=new Employee[2];
        emp[0]=new commonEmployee("技术工--张三","技术部门");//数组中填充子类对象
        emp[1]=new ManagerEmployee("管理者--王五","财务处");
        Hr h=new Hr();
        h.judge(emp);
    }
}
//子类普通员工继承了父类，并重载了父类的showInfo()方法
class commonEmployee extends Employee{
    public String department;
    public commonEmployee(String name,String department){
        super(name);
        this.department=department;
    }
    public void showInfo(){
        System.out.println("我是"+this.name+";所在部门是:"+this.department);
    }
}
class ManagerEmployee extends Employee{
```

```
        public String department;
        public ManagerEmployee(String name,String department){
            super(name);
            this.department=department;
        }
        public void showInfo(){
        System.out.println("我是"+this.name+"所在的部门是:"+this.department);
        }
    }
    class Hr{
        public void judge(Employee[] e){//使用父类作为方法的形参
            for(int i=0;i<e.length;i++){
                e[i].showInfo();//形式上调用父类方法,实际上会根据传入对象来调用
            }

        }
}
```

程序运行结果为

```
Problems  @ Javadoc  Declaration  Console
<terminated> Employee [Java Application] D:\Program Files\J
我是技术工--张三;所在部门是:技术部门
我是管理者--王五所在的部门是:财务处
```

任务实施

程序文本 Animal. Java

```
public class Animal {

    private String name;

    public String getName() {
        return name;
    }

    public void setName(String name) {
        this.name = name;
    }

    public void enjoy(){

    }
}
Dog.java
```

```java
public class Dog extends Animal {

    public Dog(String name) {
        super();
        this.setName(name);
    }

    public void enjoy(){
        System.out.println(this.getName()+"汪汪叫");
    }
}
```
Cat.java
```java
public class Cat extends Animal{

    public Cat(String name) {
        super();
        this.setName(name);
    }

    public void enjoy(){
        System.out.println(this.getName()+"喵喵叫");
    }
}
```
Goat.java
```java
public class Goat extends Animal{

    public Goat(String name) {
        super();
        this.setName(name);
    }
    public void enjoy(){
        System.out.println(getName()+"咩咩叫");
    }

}
```
Wolf.java
```java
public class Wolf extends Animal{
    public Wolf(String name){
        super();
        setName(name);
    }
    public void enjoy(){
        System.out.println(this.getName()+"嗷嗷叫");
```

```
        }
}
Peson.java
public class Person {
    private String name;
    private Animal animal;

    public Person(String name, Animal animal) {
        super();
        this.name = name;
        this.animal = animal;
    }

    public String getName() {
        return name;
    }

    public void setName(String name) {
        this.name = name;
    }

    public Animal getAnimal() {
        return animal;
    }

    public void setAnimal(Animal animal) {
        this.animal = animal;
    }

    public void play() {
        System.out.println(name +"在公园中和"+animal.getName()+"玩耍");
        animal.enjoy();
    }

}
TestPlay.java
public class TestPlay {

    public static void main(String[] args) {

        Dog d=new Dog("旺财");
        Cat c=new Cat("波斯");
        Goat g=new Goat("小绵");
```

```
            Wolf w=new Wolf("灰太狼");
            Person p=new Person("游客",d);//在Person类的构造函数中,父类Animal引用
指向了子类
            p.play();
            new Person("游客",c).play();
            new Person("游客",g).play();
            new Person("游客",w).play();

        }

    }
```

技能拓展

① Object 类是所有类的父类,根据多态的概念,任何子类的对象都可以赋值给父类的引用,即任何类的实例都可以用 Object 代替。例如:

```
Object obj="haha";
```

② Object 可以代表所有的对象,这种思想对于通用编程非常有用。例如,在 Arrays 类中有静态方法 sort(Object[]obj),在此方法中只要传入任何一种数据类型的数组即可执行。这种通用性可以增加方法的可用范围,因此方法具备通用性。

任务 3　不同种类图书的信息

有三类图书:科技书、文艺书和教材,这三类图书的定价标准不同,如果图书打折,不同种类图书的折扣也不同。

任务分析

这三类书都属于图书,而且都有显示图书种类、计算图书价格、计算打折这些方法。通过使用抽象类可以定义它们共同的成员变量和方法并作为它们的父类,然后在子类中实现不同的方法。

相关知识点

抽象类

在实际的项目中,整个项目的代码一般可以分为结构代码和逻辑代码。如同建造房屋需要首先搭建整个房屋的结构,然后再细化房屋相关的其他结构。程序项目的实现也遵循同样的道理。

在项目设计时,一个基本的原则就是"设计和实现相分离",也就是说,结构代码和逻辑代码的分离,如同设计汽车,只需要关注汽车的相关参数,而不必过于关心如何实现这些要求。程序设计时也是首先设计项目的结构,而不用过多地关心每个逻辑代码如何进行实现。

前面介绍的流程控制知识主要解决的是逻辑代码的编写，而类和对象的知识，则主要解决结构代码的编写。那么还有一个重要的问题：如何设计结构代码呢？这就需要使用下面介绍的抽象类和接口（见任务4）的知识了。

（1）抽象类（Abstract Class）是指使用 abstract 关键字修饰的类，也就是在声明一个类时加入了 abstract 关键字。抽象类是一种特殊的类，其他未使用 abstract 关键字修饰的类一般被称作实体类。例如：

```
public abstract class A{
    public A(){}
}
```

抽象方法（Abstract Method）是指使用 abstract 关键字修饰的方法。抽象方法是一种特殊的方法，其他未使用 abstract 关键字修饰的方法一般被称作实体方法。

```
public abstract void test();
```

（2）抽象类和实体类的比较

主要有以下两点不同：

① 抽象类不能使用自身的构造方法创建对象（语法不允许）。例如，下面的语法是错误的：

```
A a = new A();
```

但是抽象类可以声明对象。例如下面的代码是正确的：

```
A a;
A a1,a2;
```

只是声明出的对象默认都是 null 的，无法调用其内部的非静态属性和非静态方法。

说明：抽象类可以使用子类的构造方法创建对象。

② 抽象类内部可以包含任意个（0个、1个或多个）抽象方法。

抽象类内部可以包含抽象方法，也可以不包含抽象方法，对于包含的个数没有限制。而实体类内部不能包含抽象方法。

在抽象类内部，可以和实体类一样，包含构造方法、属性和实体方法，这点和一般的类一样。

（3）抽象方法和实体方法的比较

主要有以下几点不同：

① 抽象方法没有方法体。也就是说，在声明抽象方法时，不能书写方法体的{}，而只能以分号结束方法。下面是实体方法和抽象方法声明的比较。

抽象方法声明：

```
public abstract void test(int a);
```

实体方法声明：

```
public  void test(int a){方法体}
```

② 抽象方法所在的类必须为抽象类。也就是说，如果抽象方法声明在一个类内部，则该

类必须为抽象类

说明：抽象方法也可以出现在接口内部，这个将在后续进行介绍。

这样，在继承时，如果继承的类是抽象类，而该抽象类中还包含抽象方法时，则该子类必须声明成抽象类，否则将出现语法错误。如果子类需要做成实体类的话，则必须覆盖继承的所有抽象方法。这个是抽象类最核心的语法功能——强制子类覆盖某些方法。

（4）抽象类的用途

抽象类的用途主要有两个：

① 严禁直接创建该类的对象。

如果一个类的内部包含的所有方法都是 static 方法，那么为了避免其他程序员误用，则可以将该类声明为 abstract，这样其他程序员只能使用"类名.方法名"调用对应方法，而不能使用"对象名.方法名"进行调用。这样的类例如 API 中的 Math 类。

说明：配合 final 关键字使用，将使该类必须被继承，这样将获得更加完美的效果。

② 强制子类覆盖抽象方法。

这样可以使所有的子类在方法声明上保持一致，在逻辑上也必须将方法的功能保持一致。例如在游戏中设计类时，设计了怪物类及相关的子类，每个怪物类都有移动方法，但是每种怪物的移动规则又不相同，通过使每个怪物类的移动方法的声明保持一致，达到方便调用的目的。这是抽象类最主要的用途。就像在现实社会中，各种银行网点保持统一的装修风格，各种快餐店（肯德基、麦当劳等）保持统一的装修，甚至风味，使得在生活中便于识别。同样，通过让存在继承关系的类中功能一样（但是内部实现规则不同）的方法声明成一样的，可以方便多态的使用。

【实例 4-12】

```java
public class AbstractDemo_01 {
    public static void main(String[] args) {
        System.out.println("1.获得等边三角形的面积与周长");
        Equilateraltriangle triangle = new Equilateraltriangle(10, 5);
        // 创建等边三角形对象实例
        System.out.println("等边三角形的面积:" + triangle.getArea());
        System.out.println("等边三角形的周长: " + triangle.getPerimeter());
        System.out.println("2.获得长方形的面积与周长");
        Rectangle rectangle = new Rectangle(12, 8);     // 创建长方形对象实例
        System.out.println("长方形的面积:" + rectangle.getArea());
        System.out.println("长方形的周长: " + rectangle.getPerimeter());
        System.out.println("3.获得圆的面积与周长");
        Circle circle = new Circle(5.5f);               // 创建圆对象实例
        System.out.println("圆的面积:" + circle.getArea());
        System.out.println("圆的周长: " + circle.getPerimeter());
    }
}
abstract class Geometry {                               // 定义抽象几何图形类
    abstract float getArea();                           // 抽象构造方法求面积
    abstract float getPerimeter();                      // 抽象构造方法求周长
```

```java
}
class Equilateraltriangle extends Geometry {          // 继承Geometry求等边三角形的面积和周长
    float width;
    float height;
    Equilateraltriangle(float width, float height) {    // 带参数的构造方法
        this.width = width;
        this.height = height;
    }
    float getArea() {                                   // 实现父类抽象方法求等边三角形的面积
        return (width * height) / 2;
    }
    float getPerimeter() {                              // 实现父类抽象方法求等边三角形的周长
        return width * 3;
    }
}
class Rectangle extends Geometry {                      // 继承Geometry求长方形的面积和周长
    float width;
    float height;
    Rectangle(float width, float height) {              // 带参数的构造方法
        this.width = width;
        this.height = height;
    }
    float getArea() {                                   // 实现父类抽象方法求长方形的面积
        return width * height;
    }
    float getPerimeter() {                              // 实现父类抽象方法求长方形的周长
        return 2 * (width + height);
    }
}
class Circle extends Geometry {                         // 继承Geometry，求圆的面积和周长
    float radius;
    Circle(float number) {                              // 带参数的构造方法
        radius = number;
    }
    protected float getArea() {                         // 实现父类抽象方法求圆的面积
        return 3.14f * radius * radius;
    }
    protected float getPerimeter() {                    // 实现父类抽象方法求圆的周长
        return 2 * 3.14f * radius;
    }
}
```

程序运行结果为

```
Problems  @ Javadoc  Declaration  Console 
<terminated> AbstractDemo_01 (1) [Java Application] D:\Progr
1.获得等边三角形的面积与周长
圆的面积:25.0
圆的周长: 30.0
2.获得长方形的面积与周长
圆的面积:96.0
圆的周长: 192.0
3.获得圆的面积与周长
圆的面积:94.985
圆的周长: 34.54
```

任务实施

```java
public class Booksell {

    public static void main(String[] args) {
        Science_book bb=new Science_book(530,0.7f);//创建科技书类对象
        bb.price=(int)bb.getPrice(530, 0.7f);//引用科技书类方法,计算图书价格
        bb.show();//显示图书种类
        bb.show_price();//引用父类方法,显示图书价格
        Literature_book ll=new Literature_book(530,0.7f);//创建文艺类书类对象
        ll.price=(int)ll.getPrice(530,0.7f);
        ll.show();
        ll.show_price();
        Teaching_book tt=new Teaching_book(530,0.7f);//创建教材类对象
        tt.price=(int)tt.getPrice(530, 0.7f);
        tt.show();
        tt.show_price();

    }

}
//定义了抽象类,将这个类作为父类,下面分别定义其子类
abstract class Book{
    int bookpage;//图书页码
    float discount;//图书折扣
    double price;//图书价格
    abstract void show();//显示图书种类
    abstract double getPrice(int bookpage,float discount);//计算价格
    public Book(int bookpage,float discount){
        this.bookpage=bookpage;
        this.discount=discount;
    }
    public void show_price(){//显示价格
        System.out.println("This book's price is "+price);
    }
}
```

```java
class Science_book extends Book{//定义科技书类
    public Science_book(int bookpage,float discount){
        super(bookpage,discount);//引用父类的构造方法
        }
        public void show(){//实现抽象类方法
        System.out.println("The book's kind is science");
        }
        public double getPrice(int bookpage,float discount){//实现抽象类方法
            return bookpage*0.1*discount;
        }
}
class Literature_book extends Book{//定义文艺书子类
    public Literature_book(int bookpage,float discount){
        super(bookpage,discount);
    }
    public void show(){
        System.out.println("The book's kind is literature");
    }
    public double getPrice(int bookpage,float discount){
        return bookpage*0.08*discount;
    }
}
class Teaching_book extends Book{//定义教材类子类
    public Teaching_book(int bookpage,float discount){
        super(bookpage,discount);
    }
    public void show(){
        System.out.println("The book's kind is teaching's book");
    }
    public double getPrice(int bookpage,float discount){
        return bookpage*0.05*discount;
    }
}
```

程序运行结果为

```
The book's kind is science
This book's price is 37.0
The book's kind is literature
This book's price is 29.0
The book's kind is teaching's book
This book's price is 18.0
```

技能拓展

以上任务还可以通过接口来完成。

任务 4 模拟 USB 接口

计算机主板上的 USB 接口有严格的规范，移动设备、鼠标和键盘都可以连接到 USB 接口，但三者的操作方式各不相同。移动设备、鼠标和键盘都严格遵守了 USB 接口的规范，实现了开始、使用和停止三个方法。请编写程序，模拟移动设备、鼠标和键盘使用 USB 接口，并分别实现 USB 接口要求的开始（start）、使用（conn）和停止（stop）功能。

任务分析

购买 USB 鼠标的时候，不管是什么型号，拿来都可以直接使用，原因在于 USB 接口是统一的，都实现了鼠标的基本功能，是鼠标的一种规范。此规范说明了制造 USB 类型的鼠标应该做些什么，但并不说明如何做。

USB 接口可以使用鼠标、键盘和移动硬盘，完成插入、启动、停止的功能，但插入 USB 接口的表现不同。USB 接口包含两个抽象方法，但无法实现具体的功能，这些功能在鼠标、键盘或移动硬盘类中实现。

相关知识点

接口

（1）接口的定义

Java 接口是一系列公开抽象方法的集合。

```
public interface  接口名[extends 接口1，接口2…]
{
    public static  final 数据类型 常量名=常量值；
public static abstract 返回值 抽象方法名(参数列表)；
}
```

（2）接口的特征

① Java 接口的成员变量默认都是 static、final、public 类型，必须被显式初始化。

```
public interface A
{
   int i=1;
void Method();
}
```

② Java 接口的方法成员默认都是 public、abstract 类型，并且没有方法体，不能被初始化。

③ Java 接口没有构造方法，接口不能被实例化。

④ Java 接口不能 implements 另一个接口。
⑤ Java 接口必须通过类去实现它的抽象方法。
public class A implements B { … }
⑥ 当一个类实现某个 Java 接口时，它必须实现接口中所有的抽象方法，否则这个类必须被声明为抽象类。
⑦ 一个类只有一个父类，但可以实现多个接口。

（3）接口与抽象类

接口与抽象类的相同点：
① 代表系统的抽象层；
② 都不能被实例化；
③ 都包含抽象方法。

接口与抽象类的不同点：
① 在抽象类中可以实现部分方法，但接口中所有的方法都是抽象的，不可以被实现；
② 一个类只能有一个父类，但可以实现多个接口。

（4）Java 不容许多继承的原因

当子类覆盖父类的实例方法时，Java 虚拟机采用不同的绑定规则，假如还容许一个类有多个直接父类，那么绑定规则会很复杂。因此，为了简化系统结构设计和动态绑定机制，Java 禁止多继承。

任务实施

```java
public interface USBInterface {
    // 这是Java接口，相当于主板上的USB接口的规范
    public void start();
    public void Conn();
    public void stop();
}
public class MouseInterface  implements USBInterface{

    public void start(){
        System.out.println("鼠标插入，开始使用");
    }
    public void Conn(){
        System.out.println("鼠标已插入，使用中");
    }
    public  void stop(){
        //实现接口的抽象方法，鼠标有自己的功能
        System.out.println("鼠标退出工作");
    }
}
public class MovingDisk implements USBInterface {
```

```java
        public void start(){
            //实现接口的抽象方法,移动硬盘有自己的功能
            System.out.println("移动存储设备插入,开始使用");
        }
        public void Conn(){
            System.out.println("移动存储设备已插入,使用中");
        }
        public void stop(){
            //实现接口的抽象方法,移动硬盘有自己的功能
            System.out.println("移动设备退出工作");
        }

}

public class Keyboard implements USBInterface{

    public void start(){
        //实现接口的抽象方法,键盘有自己的功能
        System.out.println("键盘插入,开始使用");
    }
    public void Conn(){
        System.out.println("键盘已插入,使用中");
    }
    public void stop(){
        //实现接口的抽象方法,键盘有自己的功能
        System.out.println(" 键盘退出工作");
    }
}
public class TestUsbInterface {

    public static void main(String[] args) {
        USBInterface usb1=new MovingDisk();
        //将移动硬盘插入USB接口1
        USBInterface usb2=new MouseInterface();
        //将鼠标插入USB接口2
        USBInterface usb3=new Keyboard();
        //将键盘插入USB接口3
        usb1.start();
        usb1.Conn();
        usb2.start();
        usb2.Conn();
        usb3.start();
```

单元4 面向对象高级特性

```
        usb3.Conn();
        usb1.stop();
        usb2.stop();
        usb3.stop();
    }
}
```

程序运行结果为

```
<terminated> TestUsbInterface [Java Application] D:\Prog
键盘插入，开始使用
键盘已插入，使用中
移动设备退出工作
鼠标退出工作
键盘退出工作
```

技能拓展

计算机的USB接口都是集成在主板上的，现进一步要求在上面任务的基础上增加主板类，让主板来完成对USB接口的使用，然后将移动硬盘插入到主板的USB接口中。

```
public class UseUSB {

    public static void main(String[] args) {
        MainBoard mainBoard=new MainBoard();
        USBInterface usb1=new MovingDisk();
        //在USB接口1上插入移动硬盘
        mainBoard.useUSB(usb1);//主板调用USB1接口使用移动硬盘
    }
}
class MainBoard{
    public void useUSB(USBInterface usb){
        //插入符合USB接口规范的盘
        usb.start();
        usb.Conn();
        usb.stop();
    }
}
```

习题4

一、选择题

1. 为了区分重载多态中同名的不同方法，要求（　　）。

A. 采用不同的参数列表 B. 返回值类型不同
C. 调用时用类名或对象名做前缀 D. 参数名不同
2. 以下关于方法覆盖的叙述正确的是（　　）。
A. 子类覆盖父类的方法时，子类对父类同名的方法将不能再做访问
B. 子类覆盖父类的方法时，可以覆盖父类中的 final 方法和 static 方法
C. 子类覆盖父类的方法时，子类方法的声明必须与其父类中的声明完全一样
D. 子类覆盖父类的方法时，子类方法的声明只需与其父类中声明的方法名一样
3. 在下列构造方法的调用方式中，正确的是（　　）。
A. 按照一般方法调用 B. 由用户直接调用
C. 只能通过 new 自动调用 D. 被系统调用
4. 在 Java 中，能实现多重继承效果的方式是（　　）。
A. 内部类 B. 适配器 C. 接口 D. 继承
5. 分析下面的程序，其运行结果为（　　）。

```
public class X
{
public static void main(String args[])
{
    X a=new Y();
    a .test();   //源代码错误：test();应为 a .test();
}
void test()
{
System.out.println("X");
}
}
class Y extends X
{
  void test()
{
  super.test();
  System.out.println("Y");
}
}
```

A. "YX" B. "XY" C. "X" D. "Y"

二、简答题

1. 什么叫多态？在 Java 中是如何实现多态的？
2. 试述继承的概念及继承的好处。
3. 试分析抽象类与接口的异同。
4. 什么是访问控制符？列出 Java 中的访问控制符，并说明各个访问控制符的控制权限。

三、编程题

1．编写一个类要求实现一个接口，该接口有 3 个 abstract 方法：

```
public abstract void f( int x);
public abstract void g(int x, int y);
public abstract double h(double x);
```

要求在应用程序主类中使用该类创建对象，并使用接口回调调用方法 f()，g()和 h()。

2．至少实现求面积方法 area()的两次重载。

3．创建一个 dog 类，有数据成员，并给出至少两个构造方法，要求在构造函数中完成数据成员的初始化（提示：带参数的，不带参数的，带一个参数的）。

包、数组和字符串

项目5　学生成绩管理系统

设计一个学生成绩管理系统，定义一个一维数组存储5名学生的名字，定义一个二维数组存储这5名学生的6门功课（Java程序设计、毛泽东思想概论、体育、网络安全工具运行、局域网组建、专业英语）。

程序应具有下列功能：
1. 按名字查询某名同学的成绩。
2. 查询某门课程不及格的学生人数及学生姓名。

任务1　学生成绩计算

任务分析

定义长度为5的数组，给数组元素赋值，通过循环完成累加求和，输出总分，测试运行，计算出平均分，求出高于平均分的成绩信息并打印。

相关知识点

1. 一维数组的声明及创建

前面介绍了基本数据类型，每个变量对应着一个存储单元。对于有些特殊或复杂的问题，如，某班有60名同学，需要统计每位同学的平均成绩，用简单数据类型就需要分别定义60个变量，分别存放每个同学的平均成绩，显然这种处理方法十分麻烦。为了解决这种问题，Java语言提供了数组类型，即把具有相同类型的若干变量按有序的形式组织起来，用统一的名字来表示，这些按序排列的相同类型的数据元素的集合被称为数组。或者说，数组是用一个名字代表顺序排列的一组数。简单变量是没有序的，无所谓谁先谁后，数组中的单元是有排列顺序的。简言之，数组是相同类型的数据按顺序组成的一种复合数据类型。

（1）声明一维数组

声明一维数组包括数组的名字、数组中包含的元素的数据类型。

声明一维数组有以下两种格式：
格式1：数组元素类型 数组名[];
格式2：数组元素类型[]数组名;

例如：int a[]; float b[];
声明只能说明内存中有某种类型的数组名（如：声明 int a[]; 说明有一个 int 类型的数组名字是 a)，但是在内存中并没有创建出数组，因此，还要对其分配数组元素空间，指明元素个数。

（2）创建数组
创建数组则是为数组元素分配内存单元，形成一个数组对象，可通过 new 关键字创建，具体操作步骤如下。
① 数组元素类型 数组名字[];
② 数组名字=new 数组元素类型 [数组元素的个数];
将声明与创建两步合并为一步来完成数组创建：

数组元素类型 数组名字[]=new 数组元素的类型[数组元素的个数];

如：

int array[] = new int[10]; //创建一个长度为10的int型数组array

2. 一维数组的使用及初始化
创建好一维数组之后，引用一维数组元素的格式如下。

数组名[下标]
       int a[]=new int[4];
       a[0]=78; a[1]=98; a[2]=87; a[3]=9;

3. 一维数组的遍历

【实例5-1】遍历一维数组{5, 1, 6, 4, 2, 8, 9}。

```
class ArrayDemo3
{
    public static void main(String[] args)
    {
        //数组的操作：
        //获取数组中的元素，通常会用到遍历。
        //int[] arr = new int[3];
        int[] arr = {3,6,5,1,8,9,67};

        //数组中有一个属性可以直接获取到数组元素个数。length.
        //使用方式：数组名称.length
        //System.out.println("length:"+arr.length);

        //int sum = 0;
        /*
```

```
            for(int x=0; x<arr.length; x++)
            {
                //sum += arr[x];
                System.out.println("arr["+x+"]="+arr[x]+";");//arr[0]=0;
            }
            */
            //System.out.println(arr);
            printArray(arr);
//          printArray(arr);
        }
        //定义功能，用于打印数组中的元素。元素间用逗号隔开
        public static void printArray(int[] arr)
        {
            System.out.print("[");
            for(int x=0; x<arr.length; x++)
            {
                if(x!=arr.length-1)
                    System.out.print(arr[x]+", ");
                else
                    System.out.println(arr[x]+"]");
            }
        }
}
```

程序运行结果为

```
Problems  @ Javadoc  Declaration  Console
<terminated> ArrayDemo3 [Java Application] D:\Program Fi
[3, 6, 5, 1, 8, 9, 67]
```

4．求一维数组的最值

【实例5-2】给定一个数组{5，1，6，4，2，8，9}，获取数组中的最大值及最小值。

```
class ArrayTest
{
    /*
```

获取数组中的最大值。

思路：

① 获取最值需要进行比较。每一次比较都会有一个较大的值。因为该值不确定，可通过一个中间变量进行临时存储。

② 让数组中的每一个元素都和这个变量中的值进行比较。如果大于变量中的值，就用该变量记录较大值。

③ 当所有的元素都比较完成，那么该变量中存储的就是数组中的最大值了。

步骤:
① 定义变量。初始化为数组中任意一个元素即可。
② 通过循环语句对数组进行遍历。
③ 在循环过程中定义判断条件,如果遍历到的元素比变量中的元素大,就赋值给该变量。

这时需要定义一个功能来完成,以便提高复用性。
(1) 明确结果,数组中的最大元素。
(2) 未知内容:一个数组。

```
*/
public static int getMax(int[] arr)
{
    int max = arr[0];

    for(int x=1; x<arr.length; x++)
    {
        if(arr[x]>max)
            max = arr[x];
    }
    return max;
}

/*
```

获取最大值的另一种方式。

可不可以将中间变量初始化为 0 呢?可以。这种方式,其实是在初始化为数组中任意一个脚标。

```
*/
public static int getMax_2(int[] arr)
{
    int max = 0;

    for(int x=1; x<arr.length; x++)
    {
        if(arr[x]>arr[max])
            max = x;
    }
    return arr[max];
}



/*
获取最小值
```

```
    */
    public static int getMin(int[] arr)
    {
        int min = 0;
        for(int x=1; x<arr.length; x++)
        {
            if(arr[x]<arr[min])
                min = x;
        }
        return arr[min];
    }

    //获取double类型数组的最大值。因为功能一致,所以定义相同函数名称。以重载形式存在
    /*
    public static double getMax(double[] arr)
    {

    }
    */
    public static void main(String[] args)
    {
        int[] arr ={5,1,6,4,2,8,9};

        int max = getMax_2(arr);
        int min = getMin(arr);
        System.out.println("max="+max);
        System.out.println("min="+min);


//      boolean[] ar = new boolean[3];
//      System.out.println(ar[1]);
    }

}
```

程序运行结果为

```
max=9
min=1
```

5. 一维数组的排序

排序是按照关键字的大小将数组重新排列,将其变为按关键字由小到大或者由大到小排列。

【实例 5-3】 冒泡排序法。

```java
import java.util.*;
public class SortArray_01 {
    public static void main(String args[]) {
        int[] array = { 14, 5, 86, 4, 12, 3, 21, 13, 11, 2, 55 };
        // 创建一个初始化的一维数组array
        System.out.println("未排序的数组:");
        for (int i = 0; i < array.length; i++) {
            // 遍历array数组中的元素
            System.out.print(" " + array[i]);          // 输出数组元素
            if ((i + 1) % 5 == 0)                      // 每5个元素一行
                System.out.println();
        }
        int mid;                        // 定义一个中间变量，起到临时存储数据的作用
        for (int i = 0; i < array.length; i++) {       // 执行冒泡排序法
            for (int j = i; j < array.length; j++) {
                if (array[j] < array[i]) {
                    mid = array[i];
                    array[i] = array[j];
                    array[j] = mid;
                }
            }
        }
        System.out.println("\n使用冒泡法排序后的数组:");
        for (int i = 0; i < array.length; i++) {
            // 遍历排好序的array数组中的元素
            System.out.print(" " + array[i]);          // 输出数组元素
            if ((i + 1) % 5 == 0)
                System.out.println();                  // 每5个元素一行
        }
    }
}
```

【实例5-4】选择排序法。

```java
public class SortArray_04 {
    public static void main(String args[]) {
        int[] array = { 14, 5, 86, 4, 12, 3, 51, 13, 11, 2, 32, 6 };
// 创建一个初始化的一维数组array
        int keyValue;                        // 表示最小的元素值
        int index;                           // 表示最小的元素值的下标
        int temp;                            // 中间变量
        System.out.println("未排序的数组:");
        for (int i = 0; i < array.length; i++) {      // 遍历array数组中的元素
            System.out.print(" " + array[i]);         // 输出数组元素
```

```java
            if ((i + 1) % 5 == 0)                    // 每5个元素一行
                System.out.println();
        }
        for (int i = 0; i < array.length; i++) {     // 使用选择排序法的核心
            index = i;
            keyValue = array[i];
            for (int j = i; j < array.length; j++)
                if (array[j] < keyValue) {
                    index = j;
                    keyValue = array[j];
                }
            temp = array[i];
            array[i] = array[index];
            array[index] = temp;
        }
        System.out.println("\n使用选择排序法后的数组:");
        for (int i = 0; i < array.length; i++) {
        // 遍历排好序的array数组中的元素
            System.out.print(" " + array[i]);         // 输出数组元素
            if ((i + 1) % 5 == 0)
                System.out.println();                 // 每5个元素一行
        }
    }
}
```

【实例5-5】快速排序法。

```java
    public class SortArray_05 {
    public static void main(String args[]) {
        int[] intArray = { 12, 11, 45, 6, 8, 43, 40, 57, 3, 20, 15 };
        System.out.println("排序前的数组:");
        for (int i = 0; i < intArray.length; i++) {
            System.out.print(" " + intArray[i]);        // 输出数组元素
            if ((i + 1) % 5 == 0)                       // 每5个元素一行
                System.out.println();
        }
        System.out.println();
        int[] b = quickSort(intArray, 0, intArray.length - 1);
        //调用quickSort
        System.out.println("使用快速排序法后的数组:");
        for (int i = 0; i < b.length; i++) {
            System.out.print(" " + b[i]);
            if ((i + 1) % 5 == 0)                       // 每5个元素一行
                System.out.println();
```

```java
        }
    }
    public static int getMiddle(int[] array, int left, int right) {
        int temp;
        // 进行一遍快速排序,返回中心点位置
        int mid = array[left];                                    // 把中心置于a[0]
        while (left < right) {
            while (left < right && array[right] >= mid)
                right--;
            temp = array[right];
        // 将比中心点小的数据移动到左边
            array[right] = array[left];
            array[left] = temp;
            while (left < right && array[left] <= mid)
                left++;
            temp = array[right];                    // 将比中心点大的数据移动到右边
            array[right] = array[left];
            array[left] = temp;
        }
        array[left] = mid;                          // 将中心移到正确位置
        return left;                                // 返回中心点
    }
    public static int[] quickSort(int[] array, int left, int right) {// 快
//速排序法
        if (left < right - 1) {              // 如果开始点和结点没有重叠,说明指针没
//有执行到结尾
            int mid = getMiddle(array, left, right);          // 重新获取中间点
            quickSort(array, left, mid - 1);
            quickSort(array, mid + 1, right);
        }
        return array;
    }
}
```

6. 一维数组的应用

【实例5-6】百宝箱中装有各种各样的珠宝,现有一颗价值连城的宝石可能藏在这个百宝箱中,请寻出这颗宝石(宝石的颗数或个数不一定是1)。

```java
import java.util.Random;
public class SearchGems {
    public static void main(String[] args) {
        Random rd = new Random();               // 创建Random对象
        int len = rd.nextInt(20);               // 百宝箱中珠宝的个数
        int[] box = new int[len];               // 定义一个百宝箱(数组)
```

```java
        System.out.println("百宝箱中共有" + len + "个珠宝,其所有的编号如下: ");
        for (int i = 0; i < box.length; i++) {
            box[i] = rd.nextInt(20);              // 给数组元素赋值
            System.out.print(box[i] + " ");
            if ((i + 1) % 5 == 0)
                System.out.println();
        }
        System.out.println();
        int index = searchBotey(box, 8);          // 调用searchBotey方法
        if (index == -1) {
            System.out.print("此类宝石没有在该百宝箱中");
        } else {
            System.out.print("此类宝石在百宝箱中的第" + (index + 1) + "格子中");
        }
    }
    public static int searchBotey(int[] box, int index) {// 其中box指的是数
//组参数,index指的是要查找的元素值
        int num = -1;
        for (int i = 0; i < box.length; i++) {
            if (index == box[i]) {
                num = i;
            }
        }
        return num;
    }
}
```

程序运行结果为

```
<terminated> SearchGems [Java Application] D:\Program Files\Java
百宝箱中共有13个珠宝,其所有的编号如下:
15  13  5   15  8
13  7   0   8   12
3   13  18
此类宝石在百宝箱中的第9格子中
```

任务实施

```java
public class S {

    public static void accessArray(float a[]){//遍历数组
        for(int i=0;i<a.length;i++){
            System.out.println(a[i]+" ");//循环打印数组
        }
        System.out.println();
    }
```

```java
    public static float cal(float a[]){//计算总和
        float sum=0.0f;
        for(int i=0;i<a.length;i++){
            sum+=a[i];
        }
        return sum;
    }
    public static float[]getHighGrade(float a[]){//将高于平均分的成绩放在b数组中
        int t=0;
        float avg=cal(a)/a.length;
        for(int i=0;i<a.length;i++){//累计高于平均分的成绩的个数
            if(a[i]>avg){
                t++;
            }
        }
        float b[]=new float[t];//确定存放高于平均分的数组b的长度
        t=0;
        for(int j=0;j<a.length;j++){//选出高于平均分的成绩放到b数组
            if(a[j]>avg){
                b[t]=a[j];
                t++;
            }
        }
        return b;//返回b数组
    }
    public static void main(String[] args) {
        System.out.println("计算学生的考试总成绩");
        float a[]={90.f,80.2f,67.2f,87.0f,92.0f};
        accessArray(a);
        float sum=cal(a);
        System.out.println("总分数是: "+sum+"平均分是: "+sum/a.length);
        System.out.println("高于平均分的是: ");
        accessArray(getHighGrade(a));
    }
}
```

程序运行结果为

```
计算学生的考试总成绩
90.0
80.2
67.2
87.0
92.0

总分数是: 416.4平均分是: 83.28
高于平均分的是:
90.0
87.0
92.0
```

技能拓展

在使用 new 运算符创建数组后,系统会给数组的每个元素赋默认值。对于整型数据,数组元素的默认值为 0;对于浮点型数据,数组元素的默认值为 0.0;对于布尔型数据,数组元素的默认值为 false;对于字符型数据,数组元素的默认值为'\u0000';而对于所有的对象类型(包括字符串类型)的数据,数组元素的默认值为 null。

任务 2　实现学生成绩管理系统

 任务分析

存储学生的名字用字符串数组 name 表示,数据为
{"李明","王凡","陈欢","李琳","史光"};
存储学生各科成绩使用二维整数数组 grade,数据为
{{28,70,58,78,76,88},{89,76,56,90,78,65},{50,80,79,67,65,93},{67,89,68,80,70,75},{80,76,86,69,87,92}};

相关知识点

二维数组

1. 二维数组的声明及使用

二维数组与一维数组类似。二维数组的初始化步骤如下。
① 数组元素类型　数组名[][];
② 数组名=new 数组元素的类型[行下标][列下标];
③ 数组名 [行下标][列下标]=初值;
二维数组的简化定义格式如下。

数组元素类型　数组名字[ ][ ]={{值1,值2,…值m},{值1,值2,…值n}…,{值1,值2,…值p}};

完成二维数组定义和初始化之后,可以使用数组名[行下标]来获取每行的长度,使用二重循环来完成二维数组的遍历,格式如下。

```
for(int i=0;i<数组名.length;i++)
    for(int j=0;j<数组名[i].length,j++){
        System.out.println(数组名[i][j]);
}
```

【实例5-7】二维数组的创建与引用。

```
public class TwoArray_01 {
    public static void main(String[] args) {
        int array[][] = new int[5][6];        // 定义一个5行6列的二维数组array
        int n = 1;
```

```
        for (int i = 0; i < array.length; i++) {  // 利用双重循环为数组元素赋值
            for (int j = 0; j < array[i].length; j++) {
                array[i][j] = n++;
            }
        }
                                            // 二维数组的输出
        System.out.println("二维数组中的数组元素如下：");
        for (int i = 0; i < array.length; i++) {          // 利用双重循环将二维
//数组中的元素依次输出
            for (int j = 0; j < array[i].length; j++) {
                System.out.print(" " + array[i][j]);
            }
            System.out.println();
        }
    }
}
```

2. 二维数组的应用

【实例5-8】矩阵转置。

```
public class TwoArray_02 {
    public static void main(String[] args) {
        int array[][] = { { 22, 18, 36 }, { 27, 34, 58 }, { 12, 51, 32 },
                { 14, 52, 64 } };                  // 创建一个4行3列的二维数组
        int brray[][] = new int[3][4];             // 创建一个3行4列的数组，用于接
//收转置后的矩阵
        System.out.println("原形矩阵如下：");
        for (int i = 0; i < array.length; i++) {       // 遍历array数组中的元素
            for (int j = 0; j < array[i].length; j++) {
                System.out.print(array[i][j] + " ");
            }
            System.out.println();
        }
        for (int i = 0; i < array.length; i++) {          // 此时的i是array数组
//的行，brray的列
            for (int j = 0; j < brray.length; j++) {      // 此时的j是array数组
//的列，brray的行
                brray[j][i] = array[i][j];                // 将array数组中的第i行j列的元
//素赋给brray数组中的j行i列
            }
        }
        System.out.println("\n转置后的矩阵如下:");
        for (int i = 0; i < brray.length; i++) {          // 遍历转置后brray数
//组中的元素
```

```java
            for (int j = 0; j < brray[i].length; j++) {
                System.out.print(brray[i][j] + " ");
            }
            System.out.println();
        }
    }
}
```

【实例 5-9】 快递公司收取快递的时候，根据路途及重量进行收费，不同的路程和重量收费也不同，打印快递报价单的明细表。

```java
public class TwoArray_10 {
    public static void main(String[] args) {
        int weight = 1;                  // 定义表示货物的重量的变量
        int path = 50;                   // 定义路途的变量
        int price = 5;                   // 定义表示价格的变量
        int Overweightprice = 2;         // 定义超重的附加费
        int n = 0, m = 0;                // 递增变量
        int[][] details = new int[10][5];   // 创建一个数组，装有货物重量在1~
//5千克,路程在50~5000千米内的所有快递价格
        for (int i = 0; i < details.length; i++) {            // 行表示路程
            details[i][0] = price;                            // 为每个路程段赋
//不超重时的快递费
            for (int j = 1; j < details[i].length; j++) {
// 列表示超重的重量，单位为千克
                details[i][j] = details[i][0] + j * Overweightprice;
//计算出每超重j千克,应付的快递费
            }
            price++;
            Overweightprice++;
        }
        System.out.println("货物重量在1~5千克,路程在50~5000千米内的所有收费明细
//如下：");
        for (int i = 0; i < details.length; i++) {            // 行表示路程
            m = 0;
            System.out.println("路程为" + (path + (n * path)) + "千米");
            for (int j = 1; j < details[i].length; j += 2) {    //列表示超重
//的重量，单位为千克
                System.out.println("重量为" + (weight + (m * weight))
                    + "千克,其快递费为：" + details[i][j - 1] + "   " + "重量为"
                    + (weight + ((m + 1) * weight)) + "千克,其快递费为："
                    + details[i][j]);
                m = m + 2;
            }
```

```
            n++;
            if (details[i].length % 2 == 1) {
                System.out.println("重量为" + (weight + (m * weight))
                    + "千克,其快递费为: " + details[i][details[i].length - 1]);
            }
        }
    }
}
```

程序运行结果为

货物重量在1～5千克,路程在50～5000千米内的所有收费明细如下:
路程为50千米
重量为1千克,其快递费为：5　　重量为2千克,其快递费为：7
重量为3千克,其快递费为：9　　重量为4千克,其快递费为：11
重量为5千克,其快递费为：13
路程为100千米
重量为1千克,其快递费为：6　　重量为2千克,其快递费为：9
重量为3千克,其快递费为：12　 重量为4千克,其快递费为：15
重量为5千克,其快递费为：18
路程为150千米
重量为1千克,其快递费为：7　　重量为2千克,其快递费为：11
重量为3千克,其快递费为：15　 重量为4千克,其快递费为：19
重量为5千克,其快递费为：23
路程为200千米
重量为1千克,其快递费为：8　　重量为2千克,其快递费为：13
重量为3千克,其快递费为：18　 重量为4千克,其快递费为：23
重量为5千克,其快递费为：28
路程为250千米
重量为1千克,其快递费为：9　　重量为2千克,其快递费为：15
重量为3千克,其快递费为：21　 重量为4千克,其快递费为：27
重量为5千克,其快递费为：33
路程为300千米
重量为1千克,其快递费为：10　 重量为2千克,其快递费为：17
重量为3千克,其快递费为：24　 重量为4千克,其快递费为：31
重量为5千克,其快递费为：38
路程为350千米
重量为1千克,其快递费为：11　 重量为2千克,其快递费为：19
重量为3千克,其快递费为：27　 重量为4千克,其快递费为：35
重量为5千克,其快递费为：43
路程为400千米
重量为1千克,其快递费为：12　 重量为2千克,其快递费为：21
重量为3千克,其快递费为：30　 重量为4千克,其快递费为：39
重量为5千克,其快递费为：48
路程为450千米
重量为1千克,其快递费为：13　 重量为2千克,其快递费为：23
重量为3千克,其快递费为：33　 重量为4千克,其快递费为：43

重量为 5 千克,其快递费为：53
路程为 500 千米
重量为 1 千克,其快递费为：14   重量为 2 千克,其快递费为：25
重量为 3 千克,其快递费为：36   重量为 4 千克,其快递费为：47
重量为 5 千克,其快递费为：58

任务实施

```java
import java.util.*;
public class ArraySortComparehen {
    public static void main(String[] args) {

        Scanner s=new Scanner(System.in);
        String []name={"李明","王凡","陈欢","李琳","史光"};
        int [][]grade={{28,70,58,78,76,88},{89,76,56,90,78,65},{50,80,79,67,65,93},{67,89,68,80,70,75},{80,76,86,69,87,92}};
        System.out.println("请输入要查询成绩的学生名字");
        String c=s.next();
        for(int i=0;i<name.length;i++){
            if(name[i].equals(c)){
                System.out.println("学生"+name[i]+ "的成绩如下：");
                System.out.println("java程序设计"+grade[i][0]+ "毛泽东思想概论"+grade[i][1]);
                System.out.println(" 体 育 "+grade[i][1]+ " 网 络 安 全 工 具 运 行 "+grade[i][1]);
                System.out.println(" 局 域 网 组 建 "+grade[i][1]+ " 专 业 英 语 "+grade[i][1]+ "\n");
                break;
            }
        }
        System.out.println("输入要查询不及格人数的科目序号\n");
        System.out.println("1Java程序设计;2毛泽东思想概论;3体育;4网络安全工具运行;5局域网组建;6专业英语");
        int ch=s.nextInt();
        int time=0;
        System.out.println("不及格的名单为：");
        for(int i=0;i<name.length;i++){
            if(grade[i][ch-1]<60){
                time++;
                switch(i){
                    case 0:
                        System.out.println("李明");
                        break;
```

```
                case 1:
                    System.out.println("王凡");
                    break;
                case 2:
                    System.out.println("陈欢");
                    break;
                case 3:
                    System.out.println("李琳");
                    break;
                case 4:
                    System.out.println("史光");
                    break;
                }
            }
        }
        System.out.println("此科目不及格人数为"+time);
    }
}
```

程序运行结果为

```
<terminated> ArraySortComparehen [Java Application] D:\Program Files\Java\jdk1.7.0_05\bin\javaw.exe (20
请输入要查询成绩的学生名字
王凡
学生王凡的成绩如下：
java程序设计89毛泽东思想概论76
体育76网络安全工具运行76
局域网组建76专业英语76

输入要查询不及格人数的科目序号

1java程序设计；2毛泽东思想概论；3体育；4网络安全工具运行；5局域网组建；6专业英语
1
不及格的名单为：
李明
陈欢
此科目不及格人数为2
```

技能拓展

① 在创建二维数组时至少要为第一维分配空间，即不能以如下方式创建

`数组名=new 数据类型[][];`

② 到目前为止，所有使用的数组都是数值型的，实际上，可以建立字符型数组。例如，可以声明一个char[]型，并且拥有50个字符的数组变量，其语句如下：

`char [ ] message=new char[50];`

可以通过存储字符定义char[]型数组：

`char [ ] vowels{a ,e,i,o,u }`

这条语句定义了一个拥有5个字符元素的数组，初始化的字符写在大括号中。这对于元

音字母很合适，但对于一般的字符信息如何处理呢？

使用一个 char 型数组，可以编写如下语句：

```
char[ ]sign={F,l,u,e,n,t
G,i,b,b,e,r,i,s,t
c,p,o,k,e,n
h,e,r,e}
```

从上面内容可以看出，这种方法既不直观又难以处理，就好像是一个字符的集合，实际上真正需要的是更加集成化的、看起来像一个整体的消息，同时又能提供处理单个字符的能力，这就是字符串（string）。

项目 6　String 及 StringBuffer

任务　字符串连接操作

任务分析

在程序中使用 append()方法可以进行字符串的连接，而且此方法返回了一个 StringBuffer 类的实例，这样就可以采用代码链的形式一直调用 append()方法。

相关知识点

字符串

1. 字符串的类型

（1）字符串常量

像整型等基本数据类型的数据有常量和变量之分一样，字符串也分为常量与变量。字符串常量是指其值保持不变的量，是位于一对双引号之间的字符序列，如"hello"。

（2）字符串变量

① 字符串变量的声明和初始化通过 String 类实现，格式如下。

```
String 字符串变量;
字符串变量=new String();
```

也可以是下面的格式。

```
String 字符串变量=new String();
```

② 字符串赋值

声明并初始化字符串变量之后，便可以为其赋值。既可以赋值一个字符串常量，也可以赋值一个字符串变量或表达式。

```
String s1="hello";
String s1=new String("hello");
```

2. 字符串的常见操作

（1）访问字符串

① length()

功能：返回字符串的长度，返回值的数据类型为int。

例如：

```
String s="计算机工程系";
System.out.println(s.length());//打印长度为12
```

② char charAt(int index)

功能：获取指定位置的字符。

```
String s="china";
System.out.println(s.charAt(0));//输出字符c
```

③ indexOf(String str)

功能：返回第一次出现的指定子字符串在此字符串中的索引。

```
String s="中国商人";
System.out.println("商人");//输出值为2
```

④ substring(int index1,int index2)

功能：返回在此字符串中，从第index1个位置开始，到第index2-1个位置结束的子字符串，返回值的数据类型为String。

```
String s="student";
s.subString(3,6);//返回"den"
```

（2）字符串比较

① equal(Object obj)

功能：比较字符串与指定的对象，当且仅当参数不为null，且存在与此对象相同的字符序列的String对象时，结果才为true。

```
String s1="中华人民共和国";
String s2="常用工具软件";
System.out.println(s1.equals(s2));//false
```

② compareTo(String str)

功能：将此字符串与str表示的字符串进行大小比较，返回值为int型。如果大，返回正值；如果小，返回负值；如果两者相等，返回0。实际上，返回的绝对值等于两个字符串中第一对不相等字符的unicode的差值。

（3）字符串的其他操作

① split(String regex)

功能：按照给定的字符串拆分此字符串。

```
String s="山西省 太原市  小店区";
```

```
String data[]=new String[3];
data s.split("");
System.out.println(data[0]);//山西省
System.out.println(data[1]);//太原市
System.out.println(data[2]);//小店区
```

② replace(char oldChar, char newChar)

功能：返回一个新的字符串，此新字符串通过用 newChar 替换此字符串中出现的所有 oldChar 得到。

```
String s="山西省职教委员会";
s.replace("山", "江");
```

此时值为"江西省职教委员会"

3. 字符串的应用

【实例 5-10】创建字符串对象。

```java
public class StringDemo02 {
    public static void main(String[] args) {
        String str0, str1, str2, str3, str4, str5, str6, str7;
        byte B_array[] = { (byte) 'a', (byte) 'b', (byte) 'c', (byte) 'd',
                (byte) 'e', (byte) 'f' };
        char C_array[] = { '大', '家', '好', '谢', '谢', '你' };
        StringBuffer sb = new StringBuffer("早上好");
        str0 = new String("Goodbye");// 根据指定的信息创建一个新的String对象
        str1 = new String();          // 创建一个新的空序列String对象
        str2 = new String(B_array);  // 根据指定的字符集字节数组创建一个新的
//String对象
        str3 = new String(C_array);// 根据指定的字符数组创建一个新的String对象
        str4 = new String(sb);       // 根据指定的字符串缓冲区参数创建一个新的
//String对象
        str5 = new String(B_array, 1, 4);  // 从B_array数组中获取以下标为1开
//始，下标为4~1结束之间的字节创建一个新的String对象
        str6 = new String(C_array, 0, 3);  // 从C_array数组中获取以下标为0开
//始，下标为3~1结束之间的字符创建一个新的String对象
        str7 = new String(str2);          // 根据指定的字符串对象创建一个新的
//String对象
        System.out.println("创建字符串类的方法一：str0=" + str0);
        System.out.println("创建字符串类的方法二：str1=" + str1);
        System.out.println("创建字符串类的方法三：str2=" + str2);
        System.out.println("创建字符串类的方法四：str3=" + str3);
        System.out.println("创建字符串类的方法五：str4=" + str4);
        System.out.println("创建字符串类的方法六：str5=" + str5);
        System.out.println("创建字符串类的方法七：str7=" + str6);
        System.out.println("创建字符串类的方法八：str8=" + str7);
    }
}
```

程序运行结果为

```
创建字符串类的方法一：str0=Goodbye
创建字符串类的方法二：str1=
创建字符串类的方法三：str2=abcdef
创建字符串类的方法四：str3=大家好谢谢你
创建字符串类的方法五：str4=早上好
创建字符串类的方法六：str5=bcde
创建字符串类的方法七：str7=大家好
创建字符串类的方法八：str8=abcdef
```

【实例 5-11】构造空心方框。

```java
import java.util.Scanner;
public class StringDemo013 {
    public static void main(String[] args) {
        Scanner sc = new Scanner(System.in);
        System.out.println("请输入宽为：");
        int w = sc.nextInt();            // 从键盘中获取w的值
        System.out.println("请输入高为：");
        int h = sc.nextInt();            // 从键盘中获取h的值
        drawArea(w, h);
    }
    public static void drawArea(int w, int h) {
        for (int i = w; i > 0; i--) {            // 画长度为w的第一条边
            System.out.print("#");
        }
        System.out.println();
        for (int i = h - 2; i > 0; i--) {        // 画由"#"和空格组成的空心框
            System.out.print("#");
            for (int j = w - 2; j > 0; j--) {
                System.out.print("");
            }
            System.out.print("#");
            System.out.println();
        }
        for (int i = w; i > 0; i--) {            // 画长度为w的第二条边
            System.out.print("#");
        }
        System.out.println();
    }
}
```

程序运行结果为

```
Problems  @ Javadoc  Declaration  Console
<terminated> StringDemo013 [Java Application] D:\Progra
请输入宽为：
2
请输入高为：
3
##
##
##
```

4. StringBuffer 类

（1）StringBuffer 对象的创建

StringBuffer 类和 String 类一样，也可用于代表字符串，但 StringBuffer 的内部实现方式和 String 类不同，因此，StringBuffer 类在进行字符串处理时不生成新的对象，在内存使用上要优先于 String 类。在实际应用中，如果需要经常对一个字符串进行修改、插入、删除等操作，则使用 StringBuffer 类更适合。但是，对于 StringBuffer 对象的每次修改都会改变对象本身，这是和 String 类最大的区别。StringBuffer 类位于 Java.lang 基础包中，使用 StringBuffer 类不需要特殊的导入语句。

【实例 5-12】创建 StringBuffer 对象。

```java
public class StringBufferDemo_01 {
    public static void main(String[] args) {
        String str = "StringBuffer";
        StringBuffer sb, sb1, sb2, sb3;
        sb = new StringBuffer();            // 创建一个空的字符串缓存区
        sb1 = new StringBuffer(50);         // 创建一个指定字符长度的字符串缓存区
        // 创建一个具有指定字符串内容的字符串缓存区
        sb2 = new StringBuffer("大家好");
        sb3 = new StringBuffer(str);
        // capacity()方法的主要作用是获取当前字符串的容量
        // length()方法的主要作用是获取当前字符串的长度
        System.out.println("创建StringBuffer类的方式一：");
        System.out.println("字符串sb的容量为：" + sb.capacity());
        System.out.println("字符串sb的长度为：" + sb.length());
        System.out.println("创建StringBuffer类的方式二：");
        System.out.println("字符串sb1的容量为：" + sb1.capacity());
        System.out.println("字符串sb1的长度为：" + sb1.length());
        System.out.println("创建StringBuffer类的方式三：");
        System.out.println("字符串sb2的容量为：" + sb2.capacity());
        System.out.println("字符串sb2的长度为：" + sb2.length());
        System.out.println("字符串sb3的容量为：" + sb3.capacity());
        System.out.println("字符串sb3的长度为：" + sb3.length());
    }
}
```

程序运行结果为

```
创建StringBuffer类的方式一：
字符串sb的容量为：16
字符串sb的长度为：0
创建StringBuffer类的方式二：
字符串sb1的容量为：50
字符串sb1的长度为：0
创建StringBuffer类的方式三：
字符串sb2的容量为：19
字符串sb2的长度为：3
字符串sb3的容量为：28
字符串sb3的长度为：12
```

（2）StringBuffer 类的常用方法

① append(String str)

功能：用于将指字的字符串追加到此字符序列。

```
String s1="abc";
StringBuffer s=new StringBuffer("def");s.append(s1);
System.out.println(s);//defabc
```

② insert(int offset,String str)

功能：用于将字符串插入字符序列中。

```
String s="Java教程";
s.insert(4,"程序设计");//Java程序设计教程
```

③ toString()

功能：用于返回此字符序列中数据的字符串表示。

```
StringBuffer s2=new StringBuffer(s);//String转换为StringBuffer
String s1=s2.toString();//StringBuffer转换为String
```

④ replace(int start,String str)

功能：用于将字符串中从 start 开始到 end-1 结束的字符串替换为子字符串 str。

```
StringBuffer s="abcdefg";
s.replace(0,2,"ha");
System.out.println(s);//hacdefg
```

⑤ substring(int start,int end)

功能：返回一个新的 String，String 包含此字符序列当前所包含的字符子序列。

```
StringBuffer s=new StringBuffer("helloworld");
System.out.println(s.subString(3,5).toString());//lo
```

⑥ delete(int start,int end)

功能：用于移除此字符序列的子字符串。

```
StringBuffer s=new StringBuffer("thisis");
s.delete(0,4);System.out.println(s);//is
```

任务实施

```
package org.lxh.demo11.stringbufferdemo;
public class StringBufferDemo01 {
    public static void main(String[] args) {
        StringBuffer buf = new StringBuffer();
        // 声明StringBuffer对象
        buf.append("Hello ");
        // 向StringBuffer中添加内容
        buf.append("World").append("!!!");
        // 可以连续调用append方法
        buf.append("\n");
                    // 添加一个转义字符表示换行
        buf.append("数字 = ").append(1).append("\n");
        // 可以添加数字
        buf.append("字符 = ").append('C').append("\n");
        // 可以添加字符
        buf.append("布尔 = ").append(true);
        // 可以添加布尔类型
        System.out.println(buf);
                    // 内容输出
    }
}
```

程序运行结果为

```
Hello World!!!
数字 = 1
字符 = C
布尔 = true
```

注意：以上代码中的"buf.append("数字 = ").append(1).append("\n");"实际上就是一种代码链的操作形式。

技能拓展

范例：验证 StringBuffer 的内容是否可以修改。

```
package org.lxh.demo11.stringbufferdemo;
public class StringBufferDemo02 {
    public static void main(String[] args) {
        StringBuffer buf = new StringBuffer();
        // 声明StringBuffer对象
        buf.append("Hello ");
                // 向StringBuffer中添加内容
```

单元5 包、数组和字符串

```
            fun(buf) ;
              // 传递StringBuffer引用
              System.out.println(buf);
                  // 将修改后的结果输出
      }
        public static void fun(StringBuffer s){
           // 接收StringBuffer引用
           s.append("MLDN ").append("LiXingHua");
           // 修改StringBuffer内容
        }
     }
```

程序运行结果为

```
Hello MLDN LiXingHua
```

从程序的运行结果中可以发现，将 StringBuffer 对象的内容传递到 fun()方法后，对 StringBuffer 的内容进行修改，而且操作完毕后修改的内容将被保留下来，所以与 String 比较 StringBuffer 的内容是可以修改的。

项目 7　定义包和导入包

任务　将多个类放入同一包中

将多个相互独立的类放入同一个包中（创建指定的包 bag，将两个类文件 X1、X2 放入这个包中）。

任务分析

定义 X1 类，将此类放入 bag 包中。
定义 X2 类，将此类放入 bag 包中。

相关知识点

如果需要开发一个大项目，那么开发人员不是一个人而是一群人。程序员们需要编写很多类，可能会出现几个不同作用的类使用了相同名字的冲突。为了避免类文件命名的冲突，Java 引进了包机制，提供多层的类命名空间，以解决类的重名冲突问题，不同的包中可以存在同名的源代码文件。使用包还可以根据每个类功能的不同而分门别类存放，以便查找和使用。package（包）就像文件夹，用于存放并管理 Java 中的类。

1. import（导入）

用于选择包下的 Java 类型。

2. package 的应用示例

```
package com.javait.org; //定义一个包

public class TestPackage { //TestPackage类就会在com.javait.org包里面

    public static void main(String[] args) {
        System.out.println("Hello World!");
    }
}
```

虽然上面的代码相对来说比较简单，但还是要说明一下 package 应用的误区，大家一定要谨记。

① package 一定要在整个类定义的第一行。

② 包名之间一定要用"."隔开，例如：com.javait.org，则在文件系统中需要建立三个目录。

③ 在定义 package 的时候，包名全部要小写。

④ 程序定义 package 关键字，则系统就会自动建好每一个目录的说法是不正确的。

import 的应用示例：

```
package com.javait.org; //定义一个包

import java.util.Random; //导入或者引用Java类库中的随机类

public class TestPackage { //TestPackage类就会在com.javait.org包里面

    public static void main(String[] args) {
        Random r = new Random();
        int m = r.nextInt(10); //生成0~9之间的随机数
        System.out.println("Hello World!");
    }
}
```

这里的 import 代码示例虽然比较简单，但还是要仔细说明一下 import 应用的关键地方：

① 如果代码中有 package 关键字，则 import 关键字应该在 package 关键字定义的后面。

② 如果在代码中想引用不在同一个目录的其他 Java 类，则必须使用 import 关键字。

③ import 关键字还有一些简写形式，例如：import java.util.*；"*"代表包下面的所有 Java 类。

任务实施

```
package bag;
public class X1 {
```

```java
    int x,y;
    public X1(int x,int y){
        this.x=x;
        this.y=y;
        System.out.println("x="+x+"  y="+y);
    }
    public void show(){
        System.out.println("This class is a X1");
    }
    public static void main(String[] args) {
        
    }
}
package bag;
public class X2 {
    
    int m,n;
    public X2(int i,int j){
        this.m=i;
        this.n=j;
        System.out.println("m="+m+"  n="+n);
    }
    public void show(){
        System.out.println("This class is a X2");
    }
}
import bag.X1;
import bag.X2;
public class Pack {
    
    public static void main(String[] args) {
        X1 aa=new X1(4,5);
        aa.show();
        X2 bb=new X2(10,20);
        bb.show();
    }
}
```

程序运行如果为

```
Problems  @ Javadoc  Declaration  Console
<terminated> Pack [Java Application] D:\Program Files\Java
x=4   y=5
This class is a X1
m=10   n=20
This class is a X2
```

技能拓展

Java 修饰符

（1）public 修饰符

表示公有，可以修饰类、属性和方法。如果定义变量或方法时，使用了 public 修饰符，则可以被包内其他类、对象及包外的类和对象方法使用。

（2）private 修饰符

只能修饰成员变量和成员方法。使用 private 声明的变量和方法只能由其所在的类使用，其他的类和对象不能使用，封装就是利用这一特性使属性私有化的。

（3）protected 修饰符

protected 修饰符表示受保护，只能用于修饰成员变量和成员方法，不能修饰类。受保护的变量和方法的访问权限被限制在类本身，以及包内的所有类和其所在的类派生出的子类（可以在同一个包中，也可以在不同包中）范围内。

（4）default 修饰符

如果一个类、方法或变量名前没有使用任何访问控制符，则该成员拥有的是默认的访问控制符。默认的访问控制成员可以被其所在包中的其他类访问，故称为包访问特性。

习题 5

编程题

1. 从命令行得到 5 个整数，放入一整型数组，然后打印输出，要求：如果输入数据不为整数，要捕获 Integer.parseInt() 产生的异常，显示"请输入整数"；捕获输入参数不足 5 个的异常（数组越界），显示"请输入至少 5 个整数"。

2. 现在有如下的一个数组：

```
int oldArr[]={1,3,4,5,0,0,6,6,0,5,4,7,6,7,0,5} ;
```

要求将以上数组中值为 0 的项去掉，将不为 0 的值存入一个新的数组，生成的新数组为

```
int newArr[]={1,3,4,5,6,6,5,4,7,6,7,5} ;
```

3. 现在给出两个数组：

- 数组A："1, 7, 9, 11, 13, 15, 17, 19"
- 数组b："2, 4, 6, 8, 10"

将两个数组合并为数组 c，按升序排列。

4. 整理字符串，将前后空白删去，并将中间的多个空白保留一个。

5. 编写一个程序实现包的功能。

Java 的异常处理

项目 8　通过实例了解 Java 的异常

不管使用的是哪种语言进行程序设计，都会产生各种各样的错误。Java 提供了强大的异常处理机制。在 Java 中，所有的异常都被封装到一个类中，程序出错时将异常抛出。

任务 1　编写一个大小写字母转换的案例

任务分析

该程序实现的功能为将字符串中的大写字母转换为小写，小写字母转换为大写。
利用大小写字母的 ASCII 相差 32 的特性，通过数组实现转换。

相关知识点

1. 异常处理的分类

不管使用的是哪种语言进行程序设计，都会产生各种各样的错误。Java 提供了强大的异常处理机制。在 Java 中，所有的异常都被封装到一个类中，程序出错时会将异常抛出。本章讲解 Java 中异常的基本概念、对异常的处理、异常的抛出，以及怎样编写自己的异常类。

所谓异常就是不可预测的不正常情况，如数组下标越界、除数为 0、文件找不到等。它采用了一种面向对象的机制，即把异常看作一种事件，每当发生这种事件时，Java 就自动创建一个异常对象，并执行相应的代码去处理该事件。

异常可分为两大类：java.lang.Exception 类与 java.lang.Error 类，所有的包中都定义了异常类和错误类，Exception 类是所有异常的父类，Error 类是所有错误的父类，这两个类均继承了 java.lang.Throwable 类。如图 6-1 所示为 Throwable 类的继承关系图。

习惯上将 Error 与 Exception 类统称为异常类，但这两者在本质上是不同的。Error 类专门用来处理严重影响程序运行的错误，通常程序设计者不会设计程序代码去捕捉这种错误，其原因在于即使捕捉到它，也无法给予适当的处理，如 Java 虚拟机出错就属于一种 Error。

不同于 Error 类，Exception 类包含了一般性的异常，通常这些异常在被捕捉到之后便可做妥善的处理，以确保程序继续运行。

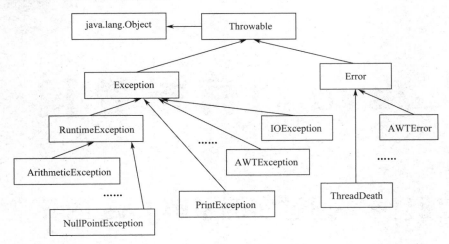

图 6-1 Throwable 类的继承关系

从异常类的继承架构图中可以看出，Exception 类扩展出了数个子类，其中 IOException 和 RuntimeException 是较常用的两种。RuntimeException 即使不编写异常处理的程序代码，依然可以编译成功，而这种异常必须是在程序运行时才有可能发生，如数组的索引值超出了范围。与 RuntimeException 不同的是，IOException 一定要编写异常处理的程序代码才行，它通常用来处理与输入/输出相关的操作，如文件的访问、网络的连接等。

当异常发生时，发生异常的语句代码会抛出一个异常类的实例化对象，之后此对象与 catch 语句中的类的类型进行匹配，然后在相应的 catch 中进行处理。

2．为何需要异常处理

为了加强程序的健壮性，在程序设计时，必须考虑到可能发生的异常事件，并做出相应的处理。在 C 语言中，可通过使用 if 语句来判断是否出现了异常，同时，可通过被调用函数的返回值感知在其中产生的异常事件，并进行处理。全程变量 ErroNo 常用来反映一个异常事件的类型。但是，这种错误处理机制会导致很多问题发生。

Java 通过面向对象的方法来处理异常。在一个方法的运行过程中，如果发生了异常，则这个方法生成代表该异常的一个对象，并把它交给运行时系统，运行时系统寻找相应的代码来处理这一异常，生成异常对象并把它提交给运行时系统的过程被称为抛出一个异常。运行时系统在方法的调用栈中查找，从生成异常的方法开始进行回溯，直到找到包含相应异常处理的方法为止，这一个过程被称为捕获一个异常。

3．异常处理机制

Java 本身已有相当好的机制来处理异常的发生。下面先来看 Java 是如何处理异常的。Exception_1 是一个错误的程序，它在访问数组时，下标值已超过了数组下标所容许的最大值，因此会有异常发生。

【实例 6-1】一个简单的异常。

```
//Exception_4.class

public class Exception_4 {
    public static void main(String[] args) {
```

```
        int arr[] = new int[5];
        arr[10] = 7;
        System.out.print("end of main() method!");
    }
}
```

程序运行结果为

```
<terminated> Exception_4 [Java Application] C:\Users\LZY\AppData\Local\MyEclipse\Common\binary\com.sun.java.jdk.win32.x86_1.6.0.013\bin\javaw.exe
Exception in thread "main" java.lang.ArrayIndexOutOfBoundsException: 10
    at Exception_4.main(Exception_4.java:7)
```

程序错误的原因在于数组的下标值超出了最大的允许范围。Java 发现这个错误之后,便由系统抛出"ArrayIndexOutOfBoundsException"这个异常,用来表示错误的原因,并停止运行程序。如果没有编写相应的处理异常的程序代码,Java 的默认异常处理机制会先抛出异常,然后停止运行程序。如果加上捕捉异常的程序代码,则可针对不同的异常做出妥善的处理,这种处理的方式被称为异常处理。

异常处理是由 try、catch 和 finally3 个关键字组成的程序块,其语法如下:

```
try {
    //要检查的程序语句;
} catch (异常类 对象名称) {
    //异常发生时的处理语句;
} finally{
    //一定会执行的程序代码;
}
```

语法是依据下列顺序来处理异常的。

① try 程序块若是有异常发生,程序的运行便中断,并抛出"异常类所产生的对象"。

② 抛出的对象如果属于 catch()括号内欲捕获的异常类,catch 则会捕捉此异常,然后进到 catch 的块里继续运行。在 catch 块中是对异常对象进行处理的代码。catch 语句的参数类似方法的声明,包括一个异常类型和一个异常对象。异常类型必须是 Throwable 的子类,它指明了 catch 语句所处理的异常类型,异常对象则由运行时系统在 try 代码块中生成并捕获,大括号中包含对象的处理。

每个 try 代码块可以伴随一个或多个 catch 语句,用于处理 try 代码块中所生成的不同类型的异常事件。Java 运行时系统从上到下分别对每个 catch 语句所处理的异常类型进行检测,直到找到与类型相匹配的 catch 语句为止。所谓类型匹配是指 catch 所处理的异常类型与生成的异常对象的类型完全一致或者是它的父类,因此,catch 语句的排列顺序应该是从特殊到一般。也可以用一个 catch 语句处理多个异常类型,这时,它的异常类型应该是这多个异常类型的父类。在 catch 块中,与访问其他对象一样,可以访问一个异常对象的变量或调用它的方法。getMessage()是类 Throwable 所提供的方法,用来得到有关异常事件的信息,类 Throwable 还提供了方法 printStackTrace()用来跟踪异常事件发生时执行堆栈的内容。

③ 无论 try 程序块是否捕捉到异常,或者捕捉到的异常是否与 catch()括号里的异常相同,

最后一定会运行 finally 块里的程序代码。finally 的程序代码块运行结束后，程序再回到 try-catch-finally 块之后继续执行。

由上述的过程可知，在异常捕捉的过程中程序做了两个判断：第 1 个是 try 程序块是否有异常产生，第 2 个是产生的异常是否和 catch()括号内欲捕捉的异常相同。

值得一提的是，finally 块是可以省略的。如果省略了 finally 块，那么在 catch()块运行结束后，程序将跳到 try-catch 块之后继续执行。下面的程序代码加入了 try 与 catch，使得程序本身具有了捕捉异常与处理异常的能力。

【实例 6-2】异常处理的使用。

```java
//Exception_5.class

public class Exception_5 {
    public static void main(String[] args) {
        try {
            int arr[] = new int[5];
            arr[10] = 7;
        } catch (ArrayIndexOutOfBoundsException e) {
            System.out.println("数组越界！");
        } finally {
            System.out.println("这里一定会被执行！");
        }
        System.out.println("end of main() method!");
    }
}
```

程序运行结果为

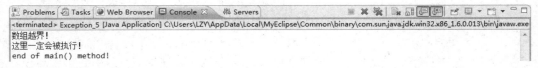

4. 异常处理机制的回顾

当异常发生时，通常可以用两种方法来处理，一种是交由 Java 默认的异常处理机制进行处理。但在这种处理方式中，Java 通常只能输出异常信息，接着便终止程序的运行，如 Exception_4 的异常发生后，则交由 Java 默认的异常处理机制处理。另一种是用自行编写的 try-catch-finally 块来捕捉异常，如 Exception_5。自行编写程序代码来捕捉异常的最大好处是：可以灵活操控程序的流程，且可做出最适当的处理。

 任务实施

```java
//Convert.java
import java.io.BufferedReader;
import java.io.IOException;
```

单元 6　Java 的异常处理

```java
import java.io.InputStreamReader;

public class Convert {
    public static void main(String[] args) {
        System.out.println("*************大小写转化*************");
        System.out.print("请输入需要处理的句子：");
        BufferedReader br = null;
        br = new BufferedReader(new InputStreamReader(System.in));
        String strBuf = null;
        try {
            strBuf = br.readLine();
        } catch (IOException e) {
            e.printStackTrace();
        }
        char arr[] = strBuf.toCharArray();
        for (int i = 0; i <= arr.length; i++) {
            if (arr[i] >= 'A' && arr[i] <= 'Z') {
                arr[i] += 32;
            } else if (arr[i] >= 'a' && arr[i] <= 'z') {
                arr[i] -= 32;
            }
        }
        strBuf = new String(arr);
        System.out.println(strBuf);
    }
}
```

程序运行结果为

```
<terminated> Convert [Java Application] C:\Users\LZY\AppData\Local\MyEclipse\Common\binary\com.sun.java.jdk.win32.x86_1.6.0.013\bin\javaw.exe (2013-6-30 上午10:12:20)
*************大小写转化*************
请输入需要处理的句子：This is a Test!
Exception in thread "main" java.lang.ArrayIndexOutOfBoundsException: 15
    at Convert.main(Convert.java:18)
```

通过提示可知道，在 main 函数中产生了 java.lang.ArrayIndexOutofBoundsException，通过字面意思可以知道，这是一个数组越界异常，通过第二行的提示可以知道产生异常的位置为 Convert.main(Convert.java:18)，也就是在 Convert.java 的第 18 行。

回到原文件，第 18 行的 "if (arr[i] >= 'A' && arr[i] <= 'Z') {" 的异常为数组越界，肯定是 arr[i]产生的，回到 i 的控制语句 第 17 行 " for (int i = 0; i <= arr.length; i++) { "，仔细检测发现 "i <= arr.length；" 有逻辑错误。

将第 17 行改为：" for (int i = 0;i < arr.length；i++) { "，重新运行程序，异常消失，运行结果正确。

```
<terminated> Convert [Java Application] C:\Users\LZY\AppData\Local\MyEclipse\Common\binary\com.sun.java.jdk.win32.x86_1.6.0.013\bin\javaw.exe (2013-6-30 上午10:41:27)
*************大小写转化*************
请输入需要处理的句子：This is a Test!
tHIS IS A tEST!
```

技能拓展

为了处理各种异常，Java 可通过继承的方式编写自己的异常类。因为所有可处理的异常类均继承自 Exception 类，所以自定义异常类也必须继承这个类。自己编写异常类的语法如下。

```
class 异常名称 extends Exception{
……
}
```

读者可以在自定义异常类里编写方法来处理相关的事件，甚至不编写任何语句也可以正常地工作，这是因为父类 Exception 已提供相当丰富的方法，通过继承，子类均可使用它们。

下面用一个例子来说明如何定义自己的异常类，以及如何使用它们。

【实例 6-3】自定义异常。

```java
//Exception_1.class

class DefaultException extends Exception {
    public DefaultException(String msg) {
        super(msg);
    }
}
public class Exception_1 {
    public static void main(String[] args) {
        try {
            throw new DefaultException("自定义异常！");
        } catch (Exception e) {
            System.out.println(e);
        }
    }
}
```

程序运行结果为

任务 2　学习在程序中生成异常处理

任务分析

了解如何抛出（throw）异常，以及如何由 try-catch 来接收所抛出的异常。

抛出异常的方式有以下两种。

① 程序中抛出异常。

② 指定方法抛出异常。

相关知识点

1. 程序中抛出异常

在程序中抛出异常时，一定要用到 throw 这个关键字，其语法如下。

```
throw  异常类实例对象；
```

从上述格式中可以看到，在 throw 后面抛出的是一个异常类的实例对象。

2. 指定方法抛出异常

如果方法内的程序代码可能发生异常，且方法内又没有使用任何的代码块来捕捉这些异常，则必须在声明方法时一并指明所有可能发生的异常，以便让调用此方法的程序得以做好准备来捕捉异常。也就是说，如果方法会抛出异常，则可将处理此异常的 try-catch-finally 块写在调用此方法的程序代码内。

如果要由方法抛出异常，则方法必须用下面的语法来声明。

```
方法名称(参数…)  throws 异常类1, 异常类2, …
```

任务实施

【实例 6-4】程序中抛出异常。

```java
//Exception_2.class

public class Exception_2 {
    public static void main(String[] args) {
        int a = 4, b = 0;
        try {
            if (b == 0) {
                throw new ArithmeticException("一个算术异常");
            } else {
                System.out.println(a + "/" + b + "=" + a / b);
            }
        } catch (ArithmeticException e) {
            System.out.println("抛出异常为: " + e);
        }
    }
}
```

程序运行结果为

```
<terminated> Exception_2 [Java Application] C:\Users\LZY\AppData\Local\MyEclipse\Common\binary\com.sun.java.jdk.win32.x86_1.6.0.013\bin\javaw.exe
抛出异常为: java.lang.ArithmeticException: 一个算术异常
```

例子 Exception_3 是指定由方法来抛出异常的，注意此处把 main()方法与 add()方法编写在了同一个类内。

【实例 6-5】指定方法抛出异常。

```java
//Exception_3.class

class Test {
    void add(int a, int b) throws Exception {
        int c;
        c = a / b;
        System.out.println(a + "/" + b + "=" + c);
    }
}

public class Exception_3 {
    public static void main(String[] args) {
        Test t = new Test();
        t.add(4, 2);
    }
}
```

程序运行结果为

技能拓展

如果知道编写的某个方法有可能抛出异常，而又不想在这个方法中对异常进行处理，只是想把它抛出去让调用这个方法的上级调用方法进行处理，那么有两种处理方式可供选择。

第一种方式：直接在方法头中编写代码 throws SomeException，方法体中不需要 try/catch。如本程序中 testEx1 就能捕捉到 testEx2 抛出的异常。

```java
boolean testEx2() throws Exception{
    boolean ret = true;
    int b=12;
    int c;
    for (int i=2;i>=-2;i--){
        c=b/i;
        System.out.println("i="+i);
    }
    return true;
}
```

第二种方式：使用 try/catch，在 catch 中进行一定的处理之后（如果有必要的话）抛出某种异常。例如上面的 testEx2 改为下面的方式，testEx1 也能捕获到它抛出的异常。

```
boolean testEx2() throws Exception{
    boolean ret = true;
    try{
        int b=12;
        int c;
        for (int i=2;i>=-2;i--){
            c=b/i;
            System.out.println("i="+i);
        }
        return true;
    }catch (Exception e){
        System.out.println("testEx2, catch exception");
        Throw e;
    }
}
```

 习题 6

编程题

调试并运行一段 Java 程序，创建一个自定义异常类，并在一个方法中抛出自定义异常对象，在该方法的 catch 处理程序中捕获它并重新抛出，让调用它的方法来处理。

图形用户界面

项目 9 建立学生成绩管理系统用户登录界面

在前面的学习中，学习了如何使用 Java 语言实现学生成绩管理系统，本单元将学习如何为该系统创建图形化用户登录界面。用户登录界面由登录窗口、标签组件、文本框组件、按钮组件等构成，用户通过输入账号和密码登录学生成绩管理系统，如图 7-1 所示。

图 7-1 "用户登录"界面

任务 1 建立用户登录界面窗口

● 任务分析

使用 Swing 工具包中的 JFrame 类和 JPanel 类创建用户登录界面窗口。

● 相关知识点

1. AWT 和 Swing

前面学习的 Java 程序的输出结果都在命令行里显示，这样的输出界面只有程序员才能使用，很少有用户会接受这样的工作界面。使用 Java 语言同样可以制作出具有优雅图形化界面的程序，Java 提供的 AWT 和 Swing 工具包可以实现对图形化界面的支持。

AWT(Abstract Window Toolkit)，中文译为抽象窗口工具包，是 Java 图形化用户界面（GUI）的重要组成部分，该包提供了一套与本地图形界面进行交互的接口，是 Java 提供的用来建立和设置 Java 的图形用户界面的基本工具。

Swing 同样是 Java 图形化用户界面（GUI）的重要组成部分，它以抽象窗口工具包（AWT）为基础，使跨平台应用程序可以使用任何可插拔的外观风格。开发人员只用很少的代码就可以利用 Swing 丰富、灵活的功能和模块化组件来创建优雅的用户界面。

使用 Swing 可以快速开发出比 AWT 更优秀的用户界面，因为 Swing 所有的语句都是采用 Java 语言实现的，不用考虑用户平台的图形接口，而 AWT 需要更多的调用底层平台的图形接口，这大大限制了 AWT 所支持的组件，并降低了开发效率。所以实际开发过程中，大多使用 Swing 工具包来开发用户图形化界面。

本单元以 Swing 工具包为例，来讲解如何开发用户图形化界面。

2. Swing 中的容器

容器是 Java 中存放基本组件的地方，Swing 中有两种常用的容器类型：JFrame 容器和 JPanel 容器。JFrame 是最基本的窗口容器，是顶层容器，可以独立存在；JPanel 是面板容器，是中层容器，不能独立存在，必须被添加到其他容器中。

Java 中创建图形界面的一般过程是：首先创建几个 JPanel 容器；再将所需用到的标签组件、按钮组件等添加到 JPanel 容器中；然后按照某种布局方式将 JPanel 容器添加到顶层 JFrame 容器中。

编写图形界面的过程类似于拼图，先把整个窗口分成几个 JPanel 框架，然后向框架中添加组件，最后在 JFrame 容器中按照某种布局方式将 JPanel 组合起来。

（1）JFrame 容器

JFrame 类是 Java.awt.Frame 的扩展版本，是 Swing 中最重要的顶层容器。使用 JFrame 类可以创建一个带有标题的窗口，该窗口具有最大、最小化按钮，可以通过拖动来调整大小。JFrame 窗口默认的显示方式为隐藏，初始时不可见，必须通过 show()方法或 setVisable()方法使窗口显示。在关闭窗口时，默认的行为也是隐藏窗口，若要彻底关闭窗口则需要设置关闭窗口时执行的操作。

① JFrame 类的定义

public class JFrame extends Frame implements WindowConstants, Accessible, RootPaneContainer

这是在 Java Api 文档中的 JFrame 类的定义，可以看出 JFrame 类继承了 AWT 中的 Frame 类，是 Java.awt.Frame 的扩展版本，并且支持 Swing 组件架构中的基本接口。

② 常用方法

➢ 构造方法

● public JFrame()：构造一个初始时不可见的新窗体。

● public JFrame(String title)：创建一个新的、初始不可见的、指定标题为 title 的 Frame 窗口。

➢ 其他方法

● setSize(int width, int height)：设置窗口的大小、宽度和长度。

● setTitle(String title)：设置窗口的标题。

● add(Componet comp)：向窗口尾部添加指定组件。

● setDefaultCloseOperation(int operation)：设置用户关闭此窗口时，默认执行的操作。参数 Operation 可选值见下表。

Operation 值	执行操作
DO_NOTHING_ON_CLOSE	不执行任何操作
EXIT_ON_CLOSE	使用 Systemexit 方法退出应用程序
HIDE_ON_CLOSE	默认参数，隐藏窗体

其语法格式如下：

```
frame1.setDefaultCloseOperation(JFrame .EXIT_ON_CLOSE);
```

● setLayout(LayoutManager manager)：设置窗口布局管理器，用于管理窗口中组件的放置方式。

● pack()：根据内容自动调整窗体大小。

● setVisible(boolean b)：设置窗口是否可见。

③ 创建窗口的示例

```
import javax.swing.*;                                //引用swing工具包中的所有类
public class FrameTest {
    public static void main(String[] args){
    JFrame frame1=new JFrame();                      //创建窗体实例
    frame1.setTitle("欢迎使用学生成绩管理系统");      //设置窗体标题
    frame1.setSize(300, 200);                        //设置窗体大小
    frame1.setDefaultCloseOperation(JFrame.EXIT_ON_CLOSE);   //设置关闭窗口时,
//执行退出窗口操作
    frame1.setVisible(true);                         //显示窗体
    }

}
```

程序运行结果为

（2）JPanel 容器

JPanel 容器是一般轻量级容器，是中层容器，其中可以存放其他的容器和组件，如按钮、标签、文本框或其他 JPanel 容器，但是不能单独存在，必须放在 JFrame 或 Applet 这样的顶层容器中。

① 常用方法

➢ 构造方法

● JPanel()：创建具有流布局管理器的新 JPanel 容器。

● JPanel(LayoutManager layout)：创建具有指定布局管理器的新 JPanel 容器。

➢ 其他方法
- add(Component comp)：向容器尾部添加指定组件。
- setLayout(LayoutManager layout)：为容器设置布局管理器，JPanel 默认布局管理器为 FlowLayout。
- setBorder（Border border）：设置容器边框

② JPanel 容器创建示例

```
import java.awt.BorderLayout;
import javax.swing.*;
import javax.swing.border.TitledBorder;
public class JPanelTest1 {
    public static void main(String[] args) {
        JFrame frame1=new JFrame("欢迎使用学生成绩管理系统");         //创建窗体实例

        JPanel  panel1=new JPanel();                               //创建JPanel容器实例
        panel1.setBorder(new TitledBorder("面板1"));     //为容器添加标题边框
        frame1.add(panel1);                              //向窗体中添加JPanel容器
        frame1.setSize(300, 200);                        //设置窗体大小
        frame1.setDefaultCloseOperation(JFrame.EXIT_ON_CLOSE);   //设置关闭窗
//口时，执行退出窗口操作
        frame1.setVisible(true);                         //显示窗体
    }
}
```

程序运行结果为

任务实施

用户登录界面需要添加两个面板：一个用于存放标签组件和文本框组件；另一个存放登录按钮组件。其实施代码如下。

```
import java.awt.*;
import javax.swing.*;
import javax.swing.border.TitledBorder;
public class JPanelTest1 {
    public static void main(String[] args) {
```

```
            JFrame frame1=new JFrame("欢迎使用学生成绩管理系统");         //创建窗体实例

            JPanel  panel1=new JPanel();
            panel1.setBorder(new TitledBorder("面板1"));
            JPanel  panel2=new JPanel();
            panel2.setBorder(new TitledBorder("面板2"));
            frame1.setLayout(new BorderLayout());//为窗体添加布局管理器,管理panel1
//和panel1放置位置
            frame1.add(panel1,BorderLayout.CENTER);
            frame1.add(panel2,BorderLayout.SOUTH);
            frame1.setSize(300, 200);   //设置窗体大小
            frame1.setDefaultCloseOperation(JFrame.EXIT_ON_CLOSE);   //设置关闭窗
//口时,执行退出窗口操作
            frame1.setVisible(true);    //显示窗体
      }
}
```

程序运行结果为

技能拓展

Swing 中的容器除了 JFrame 和 JPanel,还包括顶层容器 JApplet。JApplet 是 java.applet.Applet 的扩展,通常需要经过编译后,嵌入到 HTML 页面中执行。JApplet 程序的执行过程与普通 Java 程序不同,它没有 main 方法,也不从 main 开始执行,它由浏览器负责执行。JApplet 运行过程为

- init():对 JApplet 程序初始化。
- start():初始化后,使用 start 方法执行具体功能。
- stop():离开页面时执行 stop 方法。
- destroy():stop 方法执行完后,执行 destroy 方法销毁 JApplet。

➢ JApplet 的使用示例

① 编写 JApplet 类

```
import java.awt.*;
import javax.swing.*;
public class AppletTest extends JApplet{
public void init(){
```

```
        this.setLayout(new FlowLayout());
        this.add(new JButton("欢迎使用Java Applet"));
    }
}
```

② 在 HTML 页面中加载 JApplet

```
<html>
<head>
<title>AppletTest</title>
</head>
<body>
<applet  code ="AppletTest.class"  width=200 height=50 >
</applet>
</html>
```

➤ 运行步骤

① 编译程序

```
D:\javalx>javac AppletTest.java
```

说明：

加下画线的文字是从键盘输入的内容。

编译器会生成一个名为 AppletTest.class 的文件。

如果源程序没有错误，那么编译的结果没有任何输出。

② 运行程序

方式一：

```
D:\javalx>appletviewer   AppletTest.html
```

方式二：

双击文件 AppletTest.html，就可以运行该程序。

程序运行结果为

任务 2　为登录界面窗口添加基本组件

任务分析

为创建好的登录界面窗口添加标签、按钮和文本框等组件。

相关知识点

组件是构成图形用户界面的基本要素，组件可分为容器组件和基本组件。容器组件就是可以容纳其他组件的容器组件。Swing 中的容器组件包括 JFrame、JPanel、JApplet 等容器组件；Swing 中常用的基本组件包括标签组件 JLabel、按钮组件 JButton、文本框组件 JTextField、密码框组件 JPasswordField、复选框组件 JCheckBox、单选按钮组件 JRadioButton 等。

1. JLabel

标签组件 JLabel 用于显示文本和图标，其中的内容不能选择和修改。

（1）构造方法

- JLabel()：方法用来创建一个没有显示内容的标签对象。
- JLabel(String text)：方法用来创建一个显示文字的标签对象，默认为居中排列。
- JLabel(Icon image)：方法用来创建一个显示为图标的标签对象，默认为居中排列。

（2）常用方法

- setText(String label)：设置显示的字符串。
- getText()：返回当前显示的字符串。
- setAlignment(int alignment)：设置对齐方式。
- setFont(Font f)：设置显示的字符串的字体。
- setBackground(Color c)：设置显示的字符串的背景颜色。
- setForekground(Color c)：设置显示的字符串的颜色。

（3）JLabel 使用示例

```
import java.awt.*;
import javax.swing.*;
public class JLabeltest {
    public static void main(String[] args) {
    JFrame frame1=new JFrame("欢迎使用学生成绩管理系统");    JPanel panel1=new JPanel();
        JLabel label1=new JLabel();//创建标签实例
        label1.setText("用户名:");//设置显示内容
        label1.setForeground(Color.blue); //设置字体颜色
        panel1.add(label1);
    frame1.add(panel1,BorderLayout.CENTER);
        frame1.setSize(300, 200);  //设置窗体大小
        frame1.setDefaultCloseOperation(JFrame.EXIT_ON_CLOSE);
        frame1.setVisible(true);  //显示窗体
        }
}
```

程序运行结果为

2. JButton

Swing中的按钮组件(JButton)可以带有文字与图标，使用ActionListener响应单击事件。

（1）构造方法
- JButton()：创建一个没有标题的按钮。
- JButton(String text)：创建一个带标题的按钮。
- JButton(Icon image)：创建一个有图标的按钮。
- JButton(String text,Icon image)：创建一个有标题、有图标的按钮。

（2）常用方法
- setText(String text)：设置显示字符串。
- setPreferredSize (DimensionpreferredSize)：设置按钮最适合大小。
- setIcon(IcondefaultIcon)：添加图标。
- addActionListener(ActionListenerl)：为按钮添加监听事件。

（3）为JButton添加图标的示例

```
Import java.awt.*;
Import javax.swing.*;
public class JButtonTest {
    public static void main(String[] args) {
        JFrame frame1=new JFrame("欢迎使用学生成绩管理系统");         JPanel panel1=new JPanel();
        Icon LoginIcon=new ImageIcon("Login.jpg");//定义图标对象
        JButton button1=new JButton("登录",LoginIcon); //在定义按钮的同时，添加
//显示文字和图标
        button1.setPreferredSize(new Dimension(120,60));//设置按钮大小
        panel1.add(button1);
        frame1.add(panel1,BorderLayout.CENTER);
        frame1.setSize(300, 200);
        frame1.setDefaultCloseOperation(JFrame.EXIT_ON_CLOSE);
        frame1.setVisible(true);
    }
}
```

程序运行结果为

注意：在Eclipse中Login.jpg图片文件要放在工程文件夹下。

3. JTextField

文本框组件JTextField，用来接收和显示用户输入的单行文本信息，可以使用getText()获

取文本信息。

（1）构造方法
- JTextField()：创建一个默认宽度的文本框。
- JTextField(int n)：创建一个指定宽度的文本框。
- JTextField(String text)：创建一个带有初始文本内容的文本框。
- JTextField(String text, int n)：创建一个带有初始文本内容并具有指定宽度的文本框。

（2）常用方法
- setText(string)：设置文本域中的文本值。
- getText()：返回文本域中的输入文本值。
- getColumns()：返回文本域的列数。
- setEditable(Boolean)：设置文本域是否为只读状态。

（3）JTextField 使用示例

单行文本 JTextField 举例，共有两个程序。

程序1：文件名为 TextApplet.java

```java
import javax.swing.*;
import java.awt.*;
public class TextApplet extends JApplet
{
    JLabel label,label2,label3;
    JPanel contentPanel;
    JTextField t1,t2,t3;
    public void init()
    {
      contentPanel=(JPanel)getContentPane();
      contentPanel.setLayout(new GridLayout(3,2,20,30));
      label=new JLabel("班级:",SwingConstants.RIGHT);
      label2=new JLabel("学号:",SwingConstants.RIGHT);
      label3=new JLabel("姓名:",SwingConstants.RIGHT);
      t1=new JTextField(" ",20);
      t2=new JTextField(20);
      t3=new JTextField(20);
      contentPanel.add(label);
      contentPanel.add(t1);
      contentPanel.add(label2);
      contentPanel.add(t2);
      contentPanel.add(label3);
      contentPanel.add(t3);
    }
}
```

程序2：文件名为 TextApplet.html

```html
<applet code="TextApplet.class" width=200 height=150>
</applet>
```

程序运行结果为：

4. JPasswordField

密码框组件 JPasswordField 是 JTextField 组件的扩展，其同样允许用户编辑单行文本，但不显示原始字符。可以通过 setEchoChar()方法设置密码显示格式，可以通过 getPassword 方法获得密码。

（1）构造方法

● JPasswordField()：构造一个新 JPasswordField，使其具有默认文档为 null 的开始文本字符串和为 0 的列宽度。

● JPasswordField(int columns)：构造一个具有指定列数的新的空 JPasswordField。

● JPasswordField(String text)：构造一个利用指定文本初始化的新 JPasswordField。

● JPasswordField(String text,int columns)：构造一个利用指定文本和列初始化的新 JPasswordField。

（2）常用方法

● setEchoChar(char c)：设置此 JPasswordField 的回显字符。

● char[] getPassword()：返回此 TextComponent 中所包含的文本。

（3）JPasswordField 使用示例

```
JPasswordField jPassWord=new JPasswordField(10);
jPassWord.setEchoChar('*');
panel1.add(jPassWord);
```

5. JCheckBox

复选框 JCheckBox，是一个可以被选定和取消选定的选项，在一组复选框中可以有任意数量的复选框。

（1）构造方法

● JCheckBox()：创建一个没有文本、没有图标并且最初未被选定的复选框。

● JCheckBox(Icon icon)：创建一个有图标、最初未被选定的复选框。

● JCheckBox(String text)：创建一个带文本的、最初未被选定的复选框。

● JCheckBox(String text, boolean selected)：创建一个带文本的复选框，并指定其最初是否处于选定状态。

（2）JCheckBox 使用示例

```
JCheckBox check=new JCheckBox("游泳");
panel1.add(check);
```

6. JRadioButton

单选按钮 JRadioButton，通常与 ButtonGroup 对象配合使用，可创建一组按钮，一次只能选择其中一个按钮（创建一个 ButtonGroup 对象并用其 add 方法将 JRadioButton 对象包含在此组中）。

（1）构造方法

- JRadioButton()：创建一个初始化为未选择的单选按钮，其文本未设定。
- JRadioButton(Icon icon)：创建一个初始化为未选择的单选按钮，其具有指定的图像，但无文本。
- JRadioButton(String text)：创建一个具有指定文本和状态未选择的单选按钮。
- JRadioButton(String text, boolean selected)：创建一个具有指定文本和选择状态的单选按钮。

（2）JRadioButton 使用示例

```
ButtonGroup group=new ButtonGroup();
JRadioButton rButton1=new JRadioButton("男");
JRadioButton rButton2=new JRadioButton("女");
group.add(rButton1);
group.add(rButton2);
panel1.add(rButton1);
panel1.add(rButton2);
```

任务实施

```
import java.awt.*;
import javax.swing.*;
import javax.swing.border.TitledBorder;
public class JPanelTest1 {
    public static void main(String[] args) {
        JFrame frame1=new JFrame("欢迎使用学生成绩管理系统");        //创建窗体实例

        JPanel  panel1=new JPanel();
        panel1.setBorder(new TitledBorder("面板1"));
        JPanel  panel2=new JPanel();
        panel2.setBorder(new TitledBorder("面板2"));
        JLabel label1=new JLabel();
        label1.setText("用户名");   //添加用户名标签
        JLabel label2=new JLabel();
        label2.setText("密  码");//添加密码标签
        JTextField text=new JTextField(17); //添加输入用户名文本框
        JPasswordField jPassword=new JPasswordField(17); //添加输入密码的密码
//框组件
        JButton button1=new JButton("确定");   //添加确定按钮
        JButton button2=new JButton("取消");   //添加取消按钮
```

```
        panel1.add(label1);//在面板1中添加标签和文本框组件
        panel1.add(text);
        panel1.add(label2);
        panel1.add(jPassword);
        panel2.add(button1);  //在面板2中添加按钮组件
        panel2.add(button2);
        frame1.add(panel1,BorderLayout.CENTER);
        frame1.add(panel2,BorderLayout.SOUTH);
        frame1.setTitle("欢迎使用学生成绩管理系统");
        frame1.setSize(300, 200);   //设置窗体大小
        frame1.setDefaultCloseOperation(JFrame.EXIT_ON_CLOSE);
        frame1.setVisible(true);
    }
}
```

程序运行结果为：

任务3 布局窗口中的组件

任务分析

通过设置布局管理器，对窗口中的标签和按钮进行重新布局，使界面更美观合理，满足用户使用需要。

相关知识点

Java 语言为了使图形界面具有平台无关性，使用布局管理器来管理组件在容器中的布局。在编写 Java 图形界面时，用户不需考虑所使用的工作平台，只需设置所要使用的布局管理器，由布局管理器根据所使用的工作平台的不同，生成适合用户工作平台的图形界面。

Swing 中常用的布局管理器有 BorderLayout 边框布局、FLowLayout 流动布局、GridLayout 网格布局、GridBagLayout 网格包布局。

1. BorderLayout

当容器使用 BorderLayout 边框布局管理器时，容器中的组件按照上、下、左、右和中间 5 个区域布局，其布局方式如图 7-2 所示。

图 7-2 使用 BorderLayout 划分界面

BorderLayout 是 JFrame 容器和 JApplet 容器的默认布局方式。当使用边框布局时，需要为添加的组件指定放置的区域，可以使用 BorderLayout 中定义的 5 个静态常量：NORTH、SOUTH、CENTER、EAST、WEST，若不指定放置区域，将默认放在 CENTER 区域。另外需要注意的是，每个区域只能放一个组件，当一个区域添加了多个组件，那么后添加的组件将会覆盖前面的组件。

（1）构造方法

① BorderLayout()：构造一个组件之间没有间距的新边框布局。

② BorderLayout(int hgap, int vgap)：构造一个具有指定组件间距的边框布局。hgap 表示水平间距，vgap 表示垂直间距。

（2）BorderLayout 使用示例

```
import java.awt.*;
import javax.swing.*;
public class BorderTest {
    public static void main(String[] args) {
    JFrame jframe=new JFrame();
    JPanel panel=new JPanel();
    BorderLayout layout= new BorderLayout(); //创建BorderLayout布局管理器实例
    panel.setLayout(layout);//为JPanel设置布局管理器
    JButton buttonN=new JButton("NORTH");//创建JPanel容器中要添加的按钮组件
    JButton buttonS=new JButton("SORTH");
    JButton buttonC=new JButton("CENTER");
    JButton buttonE=new JButton("EAST");
    JButton buttonW=new JButton("WEST");
    panel.add(buttonN, BorderLayout.NORTH);//将按钮组件按照BorderLayout中的5个
//布局区域添加到JPanel容器中
    panel.add(buttonS, BorderLayout.SOUTH);
    panel.add(buttonC, BorderLayout.CENTER);
    panel.add(buttonE, BorderLayout.EAST);
    panel.add(buttonW, BorderLayout.WEST);
//将布局好的JPanel容器添加到窗体中，并显示出来
    jframe.add(panel);
    jframe.setDefaultCloseOperation(1);
    jframe.setSize(300, 200);
```

```
        jframe.setVisible(true);
    }
}
```

程序运行结果为：

2. FLowLayout

FLowLayout 流动布局管理器是 JPanel 容器的默认布局方式。当采用这种布局方式时，容器中的组件按照从左到右，依次排放，直到遇到边界才重起一行，再按照顺序排放。其一般用于安排面板中的按钮，使按钮呈水平放置，直到同一行上再也没有适合放置的按钮。行的对齐方式由 align 属性确定，默认是居中对齐，FLowLayout 提供了 5 个静态常量来指明组件的对齐方式，FLowLayout.LEFT、FLowLayout.RIGHT、FLowLayout.CENTER、FLowLayout.LEADING、FLowLayout.TRAILING。

（1）构造方法

① FlowLayout()：构造一个新的 FlowLayout，它是居中对齐的，默认的水平和垂直间隙是 5 个单位。

② FlowLayout(int align)：构造一个新的 FlowLayout，它具有指定的对齐方式，默认的水平和垂直间隙是 5 个单位。

③ FlowLayout(int align, int hgap, int vgap)：创建一个新的流布局管理器，它具有指定的对齐方式及指定的水平和垂直间隙。

（2）FLowLayout 使用示例

```
import java.awt.*;
import javax.swing.*;
public class FlowLayoutTest {
    public static void main(String[] args) {
        JFrame frame1=new JFrame("欢迎使用学生成绩管理系统");
        JButton button1=new JButton("按钮1");
        JButton button2=new JButton("按钮2");
        button2.setPreferredSize(new Dimension(150,30));
        JButton button3=new JButton("按钮3");
        JButton button4=new JButton("按钮4");
        frame1.setLayout(new FlowLayout());//设置窗体布局方式为流动布局
        frame1.add(button1);//向窗体中添加按钮
        frame1.add(button2);//由于按钮2比较长，第一行放不下按钮3，按照流动布局方式，
//按钮3换行顺序排放
```

```
            frame1.add(button3);
            frame1.add(button4);
            frame1.setSize(250, 120);   //设置窗体大小
            frame1.setDefaultCloseOperation(JFrame.EXIT_ON_CLOSE);
            frame1.setVisible(true);
        }
    }
```

程序运行结果为:

3. GridLayout

GridLayout 网格布局,就是将容器平均划分为若干行、列的表格,表格中的每个单元格的大小相同,组件就放在对应的表格中。添加组件时按照从左到右、从上到下的顺序依次添加到表格中,并且每个组件会自动调整大小,占满整个单元格。

(1) 构造方法

① GridLayout():创建具有默认值的网格布局,即每个组件占据一行一列。

② GridLayout(int rows, int cols):创建具有指定行数和列数的网格布局。

③ GridLayout(int rows, int cols, int hgap, int vgap):创建具有指定行数和列数的网格布局。

(2) GridLayout 使用示例

```java
import java.awt.*;
import javax.swing.*;
public class GridLayoutTest {
    public static void main(String[] args) {
        JFrame jframe=new JFrame();
        JPanel panel=new JPanel();
        GridLayout layout=  new GridLayout(3,3); //创建GridLayout布局管理器实例
        panel.setLayout(layout);//为JPanel设置布局管理器
        JButton[] buttonS=new JButton[9];
        for(int i=0;i<buttonS.length;i++){
            buttonS[i]=new JButton(String.valueOf(i+1));
            panel.add(buttonS[i]);
         }
        jframe.add(panel);
        jframe.setDefaultCloseOperation(1);
        jframe.setSize(300, 200);
        jframe.setVisible(true);
      }
  }
```

程序运行结果为：

4. GridBagLayout

GridBagLayout（网格包布局）的布局方式与 GridLayout（网格布局）相类似，同样是在容器中以网格的方式布局组件，但 GridBagLayout 允许一个组件跨越多个单元格，也就是说，GridBagLayout 允许不同组件的宽度和高度不同。

GridBagLayout 是功能最强大、最灵活的布局管理器，但同时也是最复杂的布局管理器。为了方便处理组件添加时的布局方式，Java 专门提供了一个 GridBagConstraints 类，用于控制组件放置的位置和大小。GridBagConstraints 类的常用属性如下。

- gridheight：指定在组件所占行数。
- gridwidth：指定在组件所占列数。
- gridx：指定组件的横向坐标。
- gridy：指定组件的纵向坐标。
- insets：指定组件与其显示区域边缘之间的间距。
- ipadx：指定组件的内部填充，即给组件的最小宽度添加多大的空间。
- ipady：指定内部填充，即给组件的最小高度添加多大的空间。
- weightx：设置组件占领多余水平空间的比例。
- weighty ：设置组件占领多余垂直空间的比例。
- fill:设置组件如何占领空白区域。

（1）使用 GridBagLayout 布局的一般步骤

① 创建 GridBagLayout 对象，并为容器设置布局管理器。

```
GridBagLayout gbc=new GridBagLayout();
panel1.setLayout(gbc);
```

② 为组件创建 GridBagConstraints 约束对象，并设置约束条件。

```
GridBagConstraints labelgbc1=new GridBagConstraints();
labelgbc1.gridx=0;//设置组件的坐标为0行，0列
labelgbc1.gridy=0;
labelgbc1.fill=GridBagConstraints.NONE;   //保持组件原有大小
```

③ 添加组件。

```
panel1.add(label1,labelgbc1); //向容器中添加组件及其约束条件
```

（2）GridBagLayout 使用示例

```
import java.awt.*;
```

实例

```
import javax.swing.*;
public class GridLayoutTest {
    public static void main(String[] args) {
        JFrame jframe=new JFrame();
        JPanel panel=new JPanel();
        GridBagLayout layout= new GridBagLayout(); //创建GridLayout布局管理器

        panel.setLayout(layout);//为JPanel设置布局管理器
        JButton[] buttonS=new JButton[4];
        for(int i=0;i<buttonS.length;i++){
            buttonS[i]=new JButton(String.valueOf(i+1));
        }
        //为组件创建GridBagConstraints约束对象,并设置约束条件
        GridBagConstraints gbc=new GridBagConstraints();
        gbc.gridx=0;   //设置组件的坐标为0行,0列
        gbc.gridy=0;
        gbc.weightx=0.3;
        gbc.fill=GridBagConstraints.BOTH;
        panel.add(buttonS[0],gbc);
        gbc.gridx=1;
        gbc.gridy=0;
        panel.add(buttonS[1],gbc);
        gbc.gridx=2;
        gbc.gridy=0;
        panel.add(buttonS[2],gbc);
        gbc.gridx=0;
        gbc.gridy=1;
        gbc.gridwidth=3;
        panel.add(buttonS[3],gbc);

        jframe.add(panel);
        jframe.setDefaultCloseOperation(1);
        jframe.pack();
        jframe.setVisible(true);
    }
}
```

程序运行结果为:

任务实施

```java
import java.awt.*;
import javax.swing.*;
public class Login {
    public static void main(String[] args) {
        JFrame frame1=new JFrame("欢迎使用学生成绩管理系统");          //创建窗体实例
        JPanel  panel1=new JPanel();
        JPanel  panel2=new JPanel();
        panel1.setLayout(new GridBagLayout());
        //创建标签1的约束对象
        GridBagConstraints labelgbc1=new GridBagConstraints();
        labelgbc1.gridx=0;//设置组件的坐标
        labelgbc1.gridy=0;
        labelgbc1.fill=GridBagConstraints.NONE;
        //创建标签2的约束对象
        GridBagConstraints labelgbc2=new GridBagConstraints();
labelgbc2.gridx=0;//设置组件的坐标
        labelgbc2.gridy=1;
        labelgbc2.fill=GridBagConstraints.NONE;
        //创建文本框的约束对象
        GridBagConstraints  textGbc=new GridBagConstraints();
textGbc.gridx=1;//设置组件的坐标
        textGbc.gridy=0;
        textGbc.ipady=10;//改变文本框垂直方向高度
        textGbc.weighty=0.5;//文本框垂直方向所占比重
        textGbc.insets=new Insets(10,0,0,20);   //设置文本框与其显示区域边缘之间
//的间距
        //创建密码框的约束对象
        GridBagConstraints  passwordGbc=new GridBagConstraints();
passwordGbc.gridx=1;//设置组件的坐标
        passwordGbc.gridy=1;
        passwordGbc.ipady=10;//改变密码框垂直方向高度
        passwordGbc.weighty=0.5;//密码框垂直方向所占比重
        passwordGbc.insets=new Insets(0,0,0,20);   //设置密码框与其显示区域边缘
//之间的间距
        //创建组件并添加到容器中
        JLabel label1=new JLabel("用户名:");
        panel1.add(label1,labelgbc1);//在面板1中添加标签和其约束条件
        JLabel label2=new JLabel("密  码:");
        panel1.add(label2,labelgbc2);
        JTextField text=new JTextField(15);
        panel1.add(text,textGbc);
```

```
        JPasswordField jPassword=new JPasswordField(15);
        panel1.add(jPassword,passwordGbc);
        JButton button1=new JButton("确定");   //添加确定按钮
        JButton button2=new JButton("注册");   //添加注册按钮
        //创建面板1的布局管理器
        FlowLayout flow=new FlowLayout();
        flow.setHgap(20);//设置组件行间距
        flow.setVgap(20);//设置组件列间距
        panel2.setLayout(flow);
        panel2.add(button1);
        panel2.add(button2);
        //在窗体容器中添加面板容器
        frame1.add(panel1,BorderLayout.CENTER);
        frame1.add(panel2,BorderLayout.SOUTH);
        frame1.setTitle("欢迎使用学生成绩管理系统");
        frame1.setSize(300, 200);   //设置窗体大小
        frame1.setDefaultCloseOperation(JFrame.EXIT_ON_CLOSE);
        frame1.setVisible(true);
    }
}
```

程序运行结果为：

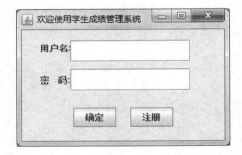

任务4 为用户登录界面添加事件响应

任务分析

为用户登录界面的"确定"按钮和"注册"按钮添加单击事件，在事件中判断用户输入的账号、密码是否有效，如有效则弹出登录成功对话框，若无效则重新输入。

相关知识点

前面学习了如何使用容器和基本组件来创建图形界面的方法，但这样的图形界面无法响应用户的任何操作，没有人机交互。要想响应用户的操作，还需要给组件添加事件响应机制。

1. Java 事件响应机制

Java 事件响应机制主要由三部分构成：事件源、事件、事件监听器。事件源即事件产生的地方，通常是各个组件；事件是一个对象，其中封装了所发生事件的相关信息；事件监听器负责监听事件源所发生的事件，并对其进行处理。当事件源发生事件时，会自动生成对应的事件对象，事件监听器可以监听到这个对象，并对这个事件作出处理。

事件编程就是要创建一个事件监听器，并完善其处理发生事件的方法，然后为相应的组件添加事件监听器。事件编程的一般步骤为

① 编写事件监听器类，并实现接口中的方法。

② 创建监听器对象。

③ 为组件注册监听器对象。

本任务以常用的动作事件、键盘事件、鼠标事件为例，讲解如何为图形界面添加事件响应机制。

2. 键盘事件

键盘事件是指用户在文本框等可输入组件中按下、释放或键入某个键的字符时，将触发的事件。该事件会产生一个 KeyEvent 类对象，该对象封装了键盘事件的信息。KeyEvent 事件可以被实现了 KeyListener 接口的类监听，并对键盘事件进行处理。

（1）KeyEvent 类常用方法

- getSource():获得触发此事件的组件对象。
- getKeyChar()：返回所按键的字符。
- getKeyCode()：返回所按键的整数 keyCode。
- getKeyText(int keyCode)：返回描述 keyCode 的 String，如"HOME"、"F1"或"A"。
- isActionKey()：返回此事件中的键是否为"动作"键。
- isAltDown():是否按下【Alt】键，当返回 True 时表示被按下。
- isShiftDown():是否按下【Shift】键，当返回 True 时表示被按下。

（2）KeyListener 接口

```
public interface KeyListener extends EventListener{
    void  keyPressed(KeyEvent e);       // 按下某个键时调用此方法
    void  keyReleased(KeyEvent e);      //释放某个键时调用此方法
    void  keyTyped(KeyEvent e);         //键入某个键的字符时调用此方法
}
```

（3）KeyEvent 使用示例

① 创建监听器类，并实现 KeyListener 接口抽象方法

```
import java.awt.event.KeyEvent;
import java.awt.event.KeyListener;
//创建InputListener类引用KeyListener接口,用于监听KeyEvent事件
public class InputListener implements KeyListener {
//实现KeyListener接口中的keyPressed方法
    public void keyPressed(KeyEvent arg0)  {System.out.println(" 您按下了 "+KeyEvent.getKeyText(arg0.getKeyCode())+"键");
    }
```

```
    //实现KeyListener接口中的keyReleased方法
        public void keyReleased(KeyEvent arg0) {    System.out.println("您释放了
按键"+arg0.getKeyChar());
        }
    //实现KeyListener接口中的keyTyped方法
        public void keyTyped(KeyEvent arg0) {    System.out.println("您输入的是：
"+KeyEvent.getKeyText(arg0.getKeyCode())+"键");
        }
}
```

② 为组件添加监听器对象

```
import java.awt.*;
import javax.swing.*;
public class Login {
    public static void main(String[] args) {
        JFrame frame1=new JFrame("欢迎使用学生成绩管理系统");
        JPanel  panel1=new JPanel();
        JLabel label1=new JLabel("用户名");
        JTextField text=new JTextField(17);
        InputListener listener=new InputListener();//创建监听器对象
        text.addKeyListener(listener);//为文本框组件添加监听器
        panel1.add(label1);
        panel1.add(text);
        frame1.add(panel1,BorderLayout.CENTER);
        frame1.setTitle("欢迎使用学生成绩管理系统");
        frame1.pack();
        frame1.setDefaultCloseOperation(JFrame.EXIT_ON_CLOSE);
        frame1.setVisible(true);
        }
}
```

3．鼠标事件

鼠标事件（MouseEvent）是指用户在组件上发生鼠标动作时触发的事件，该事件会产生一个MouseEvent类对象，该对象封装了MouseEvent事件的信息。MouseEvent事件可以被实现了MouseListener接口的类监听，并对MouseEvent事件进行处理。

（1）MouseEvent类常用方法

● getButton()：返回更改了状态的鼠标按键。

● getClickCount()：返回与此事件关联的鼠标单击次数。

● getPoint()：返回事件相对于源组件的x,y坐标。

● getSource():获得触发此事件的组件对象。

（2）MouseListener 接口

```
public interface MouseListenerextends EventListener{
voidmouseClicked(MouseEvent e)        //鼠标按键在组件上单击（按下并释放）时调用
voidmouseEntered(MouseEvent e)        //鼠标进入到组件上时调用
```

```
voidmouseExited(MouseEvent e)         //鼠标离开组件时调用
voidmousePressed(MouseEvent e)        //鼠标按键在组件上按下时调用
void mouseReleased(MouseEvent e)      //鼠标按钮在组件上释放时调用
}
```

(3) MouseEvent 使用示例

① 创建监听器类，并实现接口方法

```
import java.awt.event.MouseEvent;
import java.awt.event.MouseListener;
//创建 MListener 类实现MouseListener接口，用于监听MouseEvent事件
public class MListener implements MouseListener {
    public void mouseClicked(MouseEvent e) {//实现鼠标单击方法
        int key=e.getButton();
        switch(key){
        case 1:System.out.println("您按下了左键"+e.getClickCount()+"次");break;
        case 2:System.out.println("您按下了滚轮"+e.getClickCount()+"次");break;
        case 3:System.out.println("您按下了右键"+e.getClickCount()+"次");break;
        }
    }
    public void mouseEntered(MouseEvent e) {   //实现鼠标进入组件方法
        JButton b=(JButton)(e.getSource());//获得触发鼠标事件组件对象
        System.out.println("鼠标进入了"+b.getText()+"组件"); //获得触发鼠标事件
//组件对象的显示内容

    }
    public void mouseExited(MouseEvent e) {   //实现鼠标移出组件方法
        JButton b=(JButton)(e.getSource());
        System.out.println("鼠标移出了"+b.getText()+"组件");
    }
    public void mousePressed(MouseEvent e) {//实现鼠标按下方法
        int key=e.getButton();
        switch(key){
        case 1:System.out.println("您按下了左键");break;
        case 2:System.out.println("您按下了滚轮");break;
        case 3:System.out.println("您按下了右键");break;
        }
    }
    public void mouseReleased(MouseEvent e) {   //实现鼠标释放方法
        int key=e.getButton();
        switch(key){
```

```
            case 1:System.out.println("您释放了左键");break;
            case 2:System.out.println("您按下了滚轮");break;
            case 3:System.out.println("您按下了右键");break;
            }
        }
}
```

② 在组件中注册监听器

```
import java.awt.*;
import javax.swing.*;
public class Login {
    public static void main(String[] args) {
        JFrame frame1=new JFrame("欢迎使用学生成绩管理系统");
        JPanel  panel1=new JPanel();
        JButton button1=new JButton("确定");
        JButton button2=new JButton("取消");
        button1.addMouseListener(new MListener());//为按钮1添加事件监听器
        Button2.addMouseListener(new MListener());//为按钮2添加事件监听器
        FlowLayout flow=new FlowLayout();
        flow.setHgap(20);
        flow.setVgap(20);
        panel1.setLayout(flow);
        panel1.add(button1);
        panel1.add(button2);
        frame1.add(panel1,BorderLayout.CENTER);
        frame1.setTitle("欢迎使用学生成绩管理系统");
        frame1.pack();
        frame1.setDefaultCloseOperation(JFrame.EXIT_ON_CLOSE);
        frame1.setVisible(true);
    }
}
```

程序运行结果为：

```
Problems @ Javadoc Declaration  Console ⊠
<terminated> Login2 [Java Application] C:\Program Files\Java\jre7\bin\javaw.exe (2016年5
鼠标进入了确定组件
鼠标移出了确定组件
鼠标进入了取消组件
鼠标移出了取消组件
鼠标进入了取消组件
您按下了左键
您释放了左键
您按下了左键1次
您按下了左键
您释放了左键
您按下了左键2次
鼠标移出了取消组件
```

4. 动作事件

动作事件（ActionEvent）是按钮、菜单项被单击，或在文本框中按下【回车】键所触发的事件。该事件可以被实现了 ActionListener 接口的类监听,并进行处理。

(1) ActionEvent 类常用方法
● getSource():获得触发此事件的组件对象。

(2) ActionListener 接口

```
public interface ActionListener extends EventListener{
    void actionPerformed(ActionEvent e);   //发生操作时调用
}
```

(3) ActionEvent 使用示例

```
import java.awt.*;
import java.awt.event.*;
import javax.swing.*;
public class ActionEventTest {
    public static void main(String[] args) {
        JFrame frame1=new JFrame("欢迎使用学生成绩管理系统");         //创建窗体实例
        JPanel  panel1=new JPanel();
        final JButton button1=new JButton("确定"); //添加确定按钮
        final JButton button2=new JButton("取消"); //添加取消按钮       //定义动作事件
//监听器类,并实现ActionListener接口方法
        class AcListener implements ActionListener{
            public void actionPerformed(ActionEvent e) {
                if(e.getSource()==button1){
                    System.out.println("您按下了确定按钮");          }
                else System.out.println("您按下了取消按钮");
            }
        }
        button1.addActionListener(new AcListener());
        button2.addActionListener(new AcListener());
        FlowLayout flow=new FlowLayout();
        flow.setHgap(20);
        flow.setVgap(20);
        panel1.setLayout(flow);
        panel1.add(button1);
        panel1.add(button2);
        frame1.add(panel1,BorderLayout.CENTER);
        frame1.setTitle("欢迎使用学生成绩管理系统");
        frame1.pack();
        frame1.setDefaultCloseOperation(JFrame.EXIT_ON_CLOSE);
        frame1.setVisible(true);
    }
}
```

程序运行结果为

您按下了确定按钮
您按下了取消按钮

任务实施

```
LoginFrame.java    //用户登录界面源文件
import java.awt.*;
import java.awt.event.ActionEvent;
import java.awt.event.ActionListener;
import javax.swing.*;
public class LoginFrame {
    public static void main(String[] args) {
    final JFrame frame1=new JFrame("欢迎使用学生成绩管理系统");
    JPanel  panel1=new JPanel();
    JPanel  panel2=new JPanel();
    panel1.setLayout(new GridBagLayout());//为面板1设置布局管理器

    GridBagConstraints labelgbc1=new GridBagConstraints();
    labelgbc1.gridx=0;
    labelgbc1.gridy=0;
    labelgbc1.fill=GridBagConstraints.NONE;

    GridBagConstraints labelgbc2=new GridBagConstraints();
    labelgbc2.gridx=0;
    labelgbc2.gridy=1;
    labelgbc2.fill=GridBagConstraints.NONE;

    GridBagConstraints textGbc=new GridBagConstraints();
    textGbc.gridx=1;
    textGbc.gridy=0;
    textGbc.ipady=10;
    textGbc.weighty=0.5;
    textGbc.insets=new Insets(10,0,0,20);

    GridBagConstraints passwordGbc=new GridBagConstraints();
    passwordGbc.gridx=1;
    passwordGbc.gridy=1;
```

```java
        passwordGbc.ipady=10;
        passwordGbc.weighty=0.5;
        passwordGbc.insets=new Insets(0,0,0,20);

        JLabel label1=new JLabel("用户名:");
        panel1.add(label1,labelgbc1);
        JLabel label2=new JLabel("密码:");
        panel1.add(label2,labelgbc2);
        final JTextField text=new JTextField(15);
        panel1.add(text,textGbc);
        final JPasswordField jPassword=new JPasswordField(15);
        panel1.add(jPassword,passwordGbc);

        final JButton button1=new JButton("确定");
        final JButton button2=new JButton("注册");
        //定义动作事件监听器类,并实现ActionListener接口方法
        class AcListener implements ActionListener{
            public void actionPerformed(ActionEvent e) {
                //通过getSource方法,判断触发事件的是哪个按钮
                if(e.getSource()==button1){
                    String password=new String(jPassword.getPassword());
                    if(password.equals("")||text.getText().equals(""))//检查用户名和密码
//是否为空
                    {JOptionPane.showConfirmDialog(frame1,"密码或用户名不能为空,请重新输入。","错误",JOptionPane.DEFAULT_OPTION);
                    //清空文本框和密码框,并使文本框获得焦点
                    jPassword.setText(null);
                    text.setText(null);
                    text.requestFocus();
                    }
                    else if(password.equals("123456") &&text.getText().equals("admin")){
                    JOptionPane.showConfirmDialog(frame1,"欢迎"+text.getText()+"登录系统","登录成功",JOptionPane.DEFAULT_OPTION);
                    }
                    else {
                    JOptionPane.showConfirmDialog(frame1," 密 码 或 账 户 错 误 "," 错 误 ",JOptionPane.DEFAULT_OPTION);
                    jPassword.setText(null);
                    text.setText(null);
                    text.requestFocus();//使文本框获得焦点
                    }
                }
                else if(e.getSource()==button2){
```

```java
            new RegisterFrame();//打开注册界面
            frame1.setVisible(false);  }                                  }
    }
            //为按钮注册事件监听器
            button1.addActionListener(new AcListener());
            button2.addActionListener(new AcListener());
            //创建流动布局管理器
            FlowLayout flow=new FlowLayout();
            flow.setHgap(20); //设置流动布局时组件的水平间距
            flow.setVgap(20); //设置流动布局时组件的垂直间距
            panel2.setLayout(flow);
            panel2.add(button1);
            panel2.add(button2);
            //将面板容器添加到窗体中，并显示出来
            frame1.add(panel1,BorderLayout.CENTER);
            frame1.add(panel2,BorderLayout.SOUTH);
            frame1.setSize(300, 200);
            frame1.setDefaultCloseOperation(JFrame.EXIT_ON_CLOSE);
            frame1.setVisible(true);
        }
}
RegisterFrame.java //注册界面
import java.awt.*;
import javax.swing.*;
import javax.swing.border.TitledBorder;

public class RegisterFrame {
public RegisterFrame(){
    JFrame frame1=new JFrame("注册");
    JPanel  panel1=new JPanel();
    JPanel  panel2=new JPanel();
    panel1.setBorder(new TitledBorder("注册"));
    panel1.setLayout(new GridBagLayout());//设置面板1布局管理器为网格包布局
//设置在面板1中要添加的组件的布局约束对象
    GridBagConstraints labelgbc1=new GridBagConstraints();
    labelgbc1.gridx=0;
    labelgbc1.gridy=0;
    GridBagConstraints labelgbc2=new GridBagConstraints();
    labelgbc2.gridx=0;
    labelgbc2.gridy=1;
    GridBagConstraints labelgbc3=new GridBagConstraints();
    labelgbc3.gridx=0;
    labelgbc3.gridy=2;
```

```java
GridBagConstraints labelgbc4=new GridBagConstraints();
labelgbc4.gridx=0;
labelgbc4.gridy=4;
GridBagConstraints labelgbc5=new GridBagConstraints();
labelgbc5.gridx=0;
labelgbc5.gridy=3;
GridBagConstraints comboGbc=new GridBagConstraints();
comboGbc.gridx=1;
comboGbc.gridy=3;
comboGbc.ipady=5;
comboGbc.gridwidth=1;
comboGbc.insets=new Insets(10,0,0,20);

GridBagConstraints textGbc1=new GridBagConstraints();
textGbc1.gridx=1;
textGbc1.gridy=0;
textGbc1.ipady=5;
textGbc1.gridwidth=4;
textGbc1.insets=new Insets(10,0,0,20);

GridBagConstraints textGbc2=new GridBagConstraints();
textGbc2.gridx=1;
textGbc2.gridy=1;
textGbc2.ipady=5;
textGbc2.gridwidth=4;
textGbc2.insets=new Insets(10,0,0,20);

GridBagConstraints textGbc3=new GridBagConstraints();
textGbc3.gridx=1;
textGbc3.gridy=2;
textGbc3.ipady=5;
textGbc3.gridwidth=4;
textGbc3.insets=new Insets(10,0,0,20);

GridBagConstraints textGbc4=new GridBagConstraints();//创建文本框的约束对象
textGbc4.gridx=1;
textGbc4.gridy=4;
textGbc4.ipady=5;
textGbc4.gridwidth=4;
textGbc4.insets=new Insets(10,0,0,20);
```

```java
//创建在面板1中要添加的组件对象
    JLabel label1=new JLabel("   用户名: ");
    JLabel label2=new JLabel("   密    码: ");
    JLabel label3=new JLabel("确认密码: ");
    JLabel label4=new JLabel("   邮    箱: ");
    JLabel label5=new JLabel("   性    别: ");
    JTextField text1=new JTextField(17);
    JTextField text2=new JTextField(17);
    JTextField text3=new JTextField(17);
    JTextField text4=new JTextField(17);
    //创建性别组合框
    String[] sex={"男","女"};
    JComboBox comboBox=new JComboBox(sex);

    //将组件添加到面板1中
    panel1.add(label1,labelgbc1);
    panel1.add(text1,textGbc1);
    panel1.add(label2,labelgbc2);
    panel1.add(text2,textGbc2);
    panel1.add(label3,labelgbc3);
    panel1.add(text3,textGbc3);

    panel1.add(label5,labelgbc5);
    panel1.add(comboBox,comboGbc);
    panel1.add(label4,labelgbc4);
    panel1.add(text4,textGbc4);
    JButton button1=new JButton("注册");    //添加注册按钮
    JButton button2=new JButton("登录");    //添加登录按钮

    FlowLayout flow=new FlowLayout(FlowLayout.RIGHT);
    flow.setHgap(20);
    flow.setVgap(20);
    panel2.setLayout(flow);
    panel2.add(button1);  //在面板2中添加按钮组件
    panel2.add(button2);

    frame1.add(panel1,BorderLayout.CENTER);
    frame1.add(panel2,BorderLayout.SOUTH);
    frame1.setSize(new Dimension(350,400));
    frame1.setDefaultCloseOperation(JFrame.EXIT_ON_CLOSE);
    frame1.setVisible(true);

    }
  }
```

程序运行结果为

习题 7

一、选择题

1. Swing 和 AWT 的区别是（　　）。
   A．Swing 是 AWT 的继承与扩展
   B．Swing 不依赖操作系统支持
   C．Swing 是由纯 Java 语言实现的轻量级构件
   D．以上都是

2. 框架（JFrame）的默认布局管理器是（　　）。
   A．流动布局（FlowLayout）　　　　　　B．网格包布局（GridBagLayout）
   C．边框布局（BorderLayout）　　　　　D．网格布局（GridLayout）

3. Swing 常用的基本组件有（　　）。
   A．JButton　　　　　　　　　　　　　B．JLabel
   C．JPasswordField、JTextField　　　　 D．以上都是

4. 事件处理机制能够让图形界面响应用户的操作，它主要由（　　）构成。
   A．事件　　　　　　　　　　　　　　B．事件监听器
   C．事件源　　　　　　　　　　　　　D．以上都是

5. 使用网格包布局（GridBagLayout）时，需要为组件添加约束条件，约束条件是由（　　）类定义的。
   A．GridBagLayout 类　　　　　　　　　B．GridBagConstraints 类
   C．GridLayout 类　　　　　　　　　　 D．以上都不是

二、填空题

1. Java 的图形界面技术经历了两个发展阶段，分别通过提供 AWT 开发包和_____开发包来实现。
2. 面板容器的默认布局管理器是_____。
3. 向面板容器中添加组件的方法是_____，设置容器的布局方式的方法是_____。
4. 当单击按钮时触发的事件是_____，它的监听器接口是_____。
5. 使用 BorderLayout 布局管理器时，容器被划分为_____、_____、_____、_____、_____5 个区域，其中默认的布局区域是_____。

三、编程题

1. 使用 GridLayout 布局管理器，将容器划分成合适的网格，制作上课需要的课程表。
2. 使用 GridBagLayout 布局管理器，制作计算器界面，并为其按钮添加动作事件，实现 +、-、*、/等基本运算，运算结果显示在文本框中。

单元 8

Java 的输入/输出

输入/输出（I/O）是程序设计的重要组成部分，在编程的过程中，我们经常需要读取程序外部的数据，或者把用户输入的数据保存为各种形式的文件。Java 的输入/输出是通过 java.io 包中的大量类和接口来实现的。Java 把输入、输出的过程抽象为流，从程序外部读取数据为输入流，从程序内部向外部写数据为输出流。另外，按照处理数据单位的不同可分为字符流和字节流，按照处理功能不同可分为节点流和处理流。

项目 10　建立用户注册系统

项目描述：在前一单元用户登录界面的基础上，为该界面添加用户注册系统，将用户输入的基本信息，按照特定格式保存到对应的文件中，其界面如图 8-1 所示。

图 8-1　用户注册界面

功能要求：当用户单击"注册"按钮时，首先进行用户信息校验，通过校验后，将用户的注册信息以特定格式保存到用户注册信息文档中。

任务 1　建立用户信息保存目录

任务分析

使用 java.io 包中的 File 类，检查用户的账户目录、文件是否存在，如不存在，则创建保存用户信息的文件夹和文件。

 相关知识点

1. File 类

File 类是 java.io 包中提供的专门用于处理文件和目录有关操作的类。使用 File 类中的方法，可以实现文件或目录的创建、重命名、删除等操作，还可以查看文档、目录的属性信息。

（1）构造方法

➢ File(String pathname)：通过将给定路径名字符串转换为抽象路径名来创建一个新 File 实例。

➢ File(String parent, String child)：根据 parent 路径名字符串和 child 路径名字符串创建一个新 File 实例。

（2）常用方法

● getName()：返回由此抽象路径名表示的文件或目录的名称。

● getParent()：返回此抽象路径名父目录的路径名字符串；如果此路径名没有指定父目录，则返回 null。

● getPath()：将此抽象路径名转换为一个路径名字符串。

● renameTo(File dest)：重新命名此抽象路径名表示的文件。

● createNewFile()：当且仅当不存在具有此抽象路径名指定名称的文件时，不可分地创建一个新的空文件。

● createTempFile(String prefix, String suffix)：在默认临时文件目录中创建一个空文件，使用给定前缀和后缀生成其名称。

● delete()：删除此抽象路径名表示的文件或目录。

● exists()：测试此抽象路径名表示的文件或目录是否存在。

● isAbsolute()：测试此抽象路径名是否为绝对路径名。

● isDirectory()：测试此抽象路径名表示的文件是否是一个目录。

● isFile()：测试此抽象路径名表示的文件是否是一个标准文件。

● list()：返回一个字符串数组，这些字符串指定此抽象路径名表示的目录中的文件和目录。

● mkdir()：创建此抽象路径名指定的目录。

2. File 类使用示例

```java
import java.io.*;
public class FileTest {
    public static void main(String[] args) {
        File file1=new File("myfirstjava");   //创建文件对象
        //获取文件信息的操作
if(file1.exists()){
System.out.println("文件名："+file1.getName());
System.out.println("绝对路径："+file1.getAbsolutePath());
System.out.println("文件路径："+file1.getPath());
```

```
        System.out.println("父目录:"+new File(file1.getAbsolutePath()).getParent());
        System.out.println("是否为文件："+file1.isFile());
        System.out.println("是否为目录："+file1.isDirectory());
        System.out.println("是否为绝对路径："+file1.isAbsolute());
        }
//创建文件和目录操作
else{
        file1.mkdir();      //创建文件目录
        File file2=new File(file1.getPath()+"\\test.txt");//创建文件对象
try {
            file2.createNewFile();//创建文件
        } catch (IOException e) {//捕获文件创建异常
        e.printStackTrace();
    }
  }
 }
}
```

程序运行结果为

任务实施

```
    import java.awt.*;
    import java.awt.event.ActionEvent;
    import java.awt.event.ActionListener;
    import java.io.*;
    import javax.swing.*;
    import javax.swing.border.TitledBorder;
    public class RegisterFrame {
        public static void main(String[] args) {
        JFrame frame1=new JFrame("欢迎使用学生成绩管理系统");        JPanel
panel1=new JPanel();
        JPanel  panel2=new JPanel();
        panel1.setBorder(new TitledBorder("注册"));
        panel1.setLayout(new GridBagLayout());
//创建组件布局所需要的约束对象
        GridBagConstraints  labelgbc1=new GridBagConstraints();
        labelgbc1.gridx=0;
```

```java
labelgbc1.gridy=0;
GridBagConstraints labelgbc2=new GridBagConstraints();
labelgbc2.gridx=0;
labelgbc2.gridy=1;
GridBagConstraints labelgbc3=new GridBagConstraints();
labelgbc3.gridx=0;
labelgbc3.gridy=2;
GridBagConstraints labelgbc4=new GridBagConstraints();
labelgbc4.gridx=0;
labelgbc4.gridy=4;
GridBagConstraints labelgbc5=new GridBagConstraints();
labelgbc5.gridx=0;
labelgbc5.gridy=3;
GridBagConstraints comboGbc=new GridBagConstraints();
comboGbc.gridx=1;
comboGbc.gridy=3;
comboGbc.gridwidth=1;
comboGbc.insets=new Insets(10,0,0,20);
GridBagConstraints textGbc1=new GridBagConstraints();
textGbc1.gridx=1;
textGbc1.gridy=0;
textGbc1.gridwidth=4;
textGbc1.insets=new Insets(10,0,0,20);
GridBagConstraints textGbc2=new GridBagConstraints();
textGbc2.gridx=1;
textGbc2.gridy=1;
textGbc2.gridwidth=4;
textGbc2.insets=new Insets(10,0,0,20);
GridBagConstraints textGbc3=new GridBagConstraints();
textGbc3.gridx=1;
textGbc3.gridy=2;
textGbc3.gridwidth=4;
textGbc3.insets=new Insets(10,0,0,20);
GridBagConstraints textGbc4=new GridBagConstraints();
textGbc4.gridx=1;
textGbc4.gridy=4;
textGbc4.gridwidth=4;
textGbc4.insets=new Insets(10,0,0,20);
//创建组件对象
JLabel label1=new JLabel("    用户名：");
JLabel label2=new JLabel("    密码：");
JLabel label3=new JLabel("确认密码：");
JLabel label4=new JLabel("    邮箱：");
```

```java
        JLabel label5=new JLabel("  性别: ");
        final JTextField text1=new JTextField(17);
        final JTextField text2=new JTextField(17);
        final JTextField text3=new JTextField(17);
        final JTextField text4=new JTextField(17);
        String[] sex={"男","女"};
        JComboBox comboBox=new JComboBox(sex);//创建性别组合框
//为面板1添加组件
        panel1.add(label1,labelgbc1);
        panel1.add(text1,textGbc1);
        panel1.add(label2,labelgbc2);
        panel1.add(text2,textGbc2);
        panel1.add(label3,labelgbc3);
        panel1.add(text3,textGbc3);
        panel1.add(label5,labelgbc5);
        panel1.add(comboBox,comboGbc);
        panel1.add(label4,labelgbc4);
        panel1.add(text4,textGbc4);
//创建面板2中的组件
        final JButton button1=new JButton("注册");   //添加注册按钮
        final JButton button2=new JButton("清除");   //添加清除按钮
//创建监听器类
        class AcListener implements ActionListener{
            public void actionPerformed(ActionEvent e) {
            if(e.getSource()==button1){
                //创建用户信息保存的文件夹和文件
                File UserFile=new File("D:\\User\\user.txt");
                if(!new File(UserFile.getParent()).exists())
                new File(UserFile.getParent()).mkdir();
                if(!UserFile.exists())
                try {//捕获文件异常
                    UserFile.createNewFile();
                } catch (IOException e1) {
                e1.printStackTrace();
                }
                }
            else {
                text1.setText("");
                text2.setText("");
                text3.setText("");
                text4.setText("");
                }
```

```
        }
    }
        button1.addActionListener(new AcListener());//为按钮注册事件监听器
        button2.addActionListener(new AcListener());//为按钮注册事件监听器
    FlowLayout flow=new FlowLayout(FlowLayout.RIGHT);
    flow.setHgap(20);
    flow.setVgap(20);
    panel2.setLayout(flow);
    panel2.add(button1);  //在面板2中添加按钮组件
    panel2.add(button2);

    frame1.add(panel1,BorderLayout.CENTER);
    frame1.add(panel2,BorderLayout.SOUTH);
    frame1.setSize(new Dimension(350,400));
    frame1.setDefaultCloseOperation(JFrame.EXIT_ON_CLOSE);
    frame1.setVisible(true);
    }
}
```

任务2　保存用户文件信息

相关知识点

1. Java 输入流、输出流的基本概念

（1）输入流、输出流

输入流、输出流是一个抽象的概念，可以理解为数据像流水一样，从数据源通过管道（输入流、输出流）流向目的地点。输入流、输出流是相对于程序本身而言的，程序读取数据是输入流，程序向其他数据源写入数据是输出流。程序读入数据时，首先建立一个输入流，数据源中的数据通过输入流像流水一样被读入到程序中；程序输出数据，会建立一个输出流，输出的数据通过输出流写入目的数据源。

（2）字节流、字符流

Java 的输入流、输出流按照处理单位的不同，可分为字节流和字符流两大类：字节流每次读取或输出的单位为字节；字符流每次读取或输出的单位为字符。

① 字节流

java.io 包中提供了两个抽象类 InputStream 和 OutputStream，通过调用这两个抽象类的子类，可以实现以字节为单位输入、输出数据。常用的字节流有 FileInputStream（文件输入流）、FileOutputStream（文件输出流）、PipedInputStream（管道输入流）、PipedOutputStream（管道输出流）、BufferedInputStream（缓冲输入流）、BufferedOutputStream（缓冲输出流），它们都是 InputStream 和 OutputStream 的子类，并且都是成对出现——有一个输入流，就有一个输出流。

下面通过 InputStream 和 OutputStream 的常用方法，了解字节流输入、输出数据的常用方法。

➤ InputStream 类常用方法：
- read()：从输入流中读取数据的下一个字节。
- read(byte[] b)：从输入流中读取一定数量的字节，并将其存储在缓冲区数组 b 中。
- available()：返回此输入流下一个方法调用可以不受阻塞地从此输入流读取（或跳过）的估计字节数。
- mark(intreadlimit)：在此输入流中标记当前的位置。
- reset()：将此流重新定位到最后一次对此输入流调用 mark 方法时的位置。
- close()：关闭此输入流并释放与该流关联的所有系统资源。

➤ OutputStream 类常用方法：
- write(int b)：将指定的字节写入此输出流。
- write (byte[] b)：将 b.length 个字节从指定的 byte 数组写入此输出流。
- close()：关闭此输出流并释放与此流有关的所有系统资源。
- flush()：刷新此输出流并强制写出所有缓冲的输出字节。

② 字符流

字符流以字符为单位输入、输出数据。与字节流相类似，在 java.io 包中同样提供两个抽象类 Reader 和 Writer 作为字符流的父类。绝大多数字节流处理中出现的类，都可以在字符流中找到其对应类。常用的字符流有 FileReader、FileWriter、PipedReader、PipedWriter、BufferedReader、BufferedWriter、InputStreamReader、OutputStreamWriter 等。下面通过 Reader 和 Writer 的常用方法，了解字符流输入、输出数据的常用方法。

➤ Reader 类常用方法：
- read()：读取单个字符。
- read(char[] cbuf)：将字符读入数组。
- read(char[] cbuf, int off, intlen)：将字符读入数组的某一部分。
- skip(long n)：跳过字符。
- close()：关闭该流并释放与之关联的所有资源。

➤ Writer 常用方法：
- write(char[] cbuf)：写入字符数组。
- write(char[] cbuf, int off, intlen)：写入字符数组的某一部分。
- write(int c)：写入单个字符。
- write(String str)：写入字符串。
- write(String str, int off, intlen)：写入字符串的某一部分。
- close()：关闭此流，但要先刷新它。
- flush()：刷新该流的缓冲。

（3）节点流、处理流

按照处理功能的不同，流可以划分为节点流和处理流。直接对数据源进行读、写操作的流被称为节点流，对一个已存在的流进行处理的流被称为处理流。节点流又被称为低级流，其功能主要面向底层的输入、输出接口。不能满足用户需要时，就需要在节点流的基础上为其添加一层处理流，通过对节点流的封装，产生可以满足用户输入、输出需要的流。常用的节点流有文件流、管道流、数组流，常用的处理流有缓冲流、转换流、打印流等。

2. 文件流

文件流用来处理文件之间的数据传输，可以把数据以字节流或字符流的方式从文件中读取出来，再保存到别的文件中。文件流是 Java 输入、输出中最常见的流，也是最基础的流，它是节点流。Java 提供了 FileInputStream、FileOutputStream、FileReader、FileWriter 四个类用于文件流操作，其中 FileInputStream、FileOutputStream 以字节为单位传输数据，FileReader、FileWriter 以字符为单位传输数据。它们分别是 InputStream、OutputStream、Reader、Writer 四个抽象类的子类，它们的常用方法，与抽象类相同。

（1）FileInputStream、FileOutputStream 类

使用 FileInputStream 和 FileOutputStream 可以从文件中以字节为单位读写数据，可以用来读写诸如图像数据之类的原始字节流。

① FileInputStream 的构造方法

● FileInputStream(File file)：通过打开一个到实际文件的链接来创建一个 FileInputStream，该文件通过文件系统中的 File 对象 file 指定。

● FileInputStream(String name)：通过打开一个到实际文件的链接来创建一个 FileInputStream，该文件通过文件系统中的路径名 name 指定。

② FileOutputStream 的构造方法

● FileOutputStream(File file)：创建一个向指定 File 对象表示的文件中写入数据的文件输出流。

● FileOutputStream(File file, boolean append)：创建一个向指定 File 对象表示的文件中写入数据的文件输出流，append 为 true 时表示追加写入，否则将覆盖文件中的内容。

● FileOutputStream(String name)：创建一个向具有指定名称的文件中写入数据的输出文件流。

● FileOutputStream(String name, boolean append)：创建一个向具有指定 name 的文件中写入数据的输出文件流，append 为 true 时表示追加写入，否则将覆盖文件中的内容。

③ FileInputStream、FileOutputStream 读写文件示例

```
import java.io.*;
public class FileStreamTest {
    public static void main(String[] args) {
        //声明输入、输出对象
        FileInputStream in=null;
        FileOutputStream out=null;
        int b=0;//定义保存读出字节的变量
    try {//捕获输入、输出异常
    //定义输入、输出对象
        in=new FileInputStream("D:\\java\\FileStreamTest.java");
        out=new FileOutputStream("D:\\FileStreamTest.java");
        //读取数据，使用read()方法，一次读取一个字节，并将读取结果保存于变量b中
        while((b=in.read())!=-1){//读取数据，直至读完全部数据，返回-1时停止
```

单元 8 Java 的输入/输出

```
            System.out.print((char)b);
            //在读取文件的同时，通过输出流将数据输出到指定文件。
            out.write(b);
        }
    in.close();
    out.close();
    }catch (Exception e) {
        System.out.println("文件未找到");
        e.printStackTrace();
    }
    }}
```

程序运行结果为

```
package cn;
import java.io.*;
public class FileStreamTest {
    public static void main(String[] args) {
        //?ù?÷?????????????6
        FileInputStream in=null;
        FileOutputStream out=null;
        int b=0;//?¨??±???????×?????±???
        try {
        //?¨?????????????????6
```

程序分析：使用字节流读取文件时，由于是一个字节一个字节地读取数据，所以无法读取字符数据，例题中的汉字字符无法识别，所以显示为问号。如果想要显示字符，可以用字符流读取文件。

（2）FileReader、FileWriter 类

使用 FileReader、FileWriter 可以从文件中以字符为单位读写数据，可以用来直接处理 16 位的 Unicode 字符。

① FileReader 的构造方法

● FileReader(File file)：在给定从中读取数据的 File 的情况下创建一个新 FileReader。

● FileReader(String fileName)：在给定从中读取数据的文件名的情况下创建一个新 FileReader。

② FileWriter 的构造方法

● FileWriter(File file)：根据给定的 File 对象构造一个 FileWriter 对象。

● FileWriter(File file, boolean append)：根据给定的 File 对象构造一个 FileWriter 对象。

● FileWriter(String fileName)：根据给定的文件名构造一个 FileWriter 对象。

● FileWriter(String fileName, boolean append)：根据给定的文件名及指示是否附加写入数据的 boolean 值来构造 FileWriter 对象。

③ FileReader、FileWriter 读写文件示例

```
import java.io.*;
public class FileReaderTest {
    public static void main(String[] args) {
        FileReader in=null;
```

```
            FileWriter out=null;
            int b=0;//定义保存读出字节的变量
    try {
        //定义输入、输出对象
            in=new FileReader("D:\\java\\FileStreamTest.java");
            out=new FileWriter("D:\\FileStreamTest.java");
            char[] char1=new char[100];
            //读取数据，使用read()方法，一次读取一个字节。并将读取结果保存于变量b中
            while(in.read(char1)!=-1){
            System.out.print(new String(char1));
            //在读取文件的同时，通过输出流将数据输出到指定文件
            out.write(char1);
            }
    in.close();
    out.close();
    }catch (Exception e) {
            System.out.println("文件未找到");
            e.printStackTrace();
        }
        }
    }
```

程序运行结果为

```
public class FileStreamTest {
    public static void main(String[] args) {
        //声明输入、输出对象
        FileInputStream in=null;
        FileOutputStream out=null;
        int b=0;//定义保存读出字节的变量
    try {
        //定义输入、输出对象
            in=new FileInputStream("D:\\java\\FileStreamTest.java");
            out=new FileOutputStream("D:\\FileStreamTest.java");
            //读取数据，使用read()方法，一次读取一个字节。并将读取结果保存于变量b中
```

3. 缓冲流

使用文件流可以直接对文件进行读写，但在读写的过程中需要频繁地访问硬盘，每次只能读写一个字节或字符，这样导致工作效率较低，对硬盘损害较大。为了提高每次读写文件的效率，Java 提供了缓冲流，通过设置内部缓冲区，缓冲各个字符，从而提供字节、字符、数组和字符串的高效写入。缓冲流是处理流，在使用的过程中，它不能直接连接数据源，需要先创建文件流或其他节点流，再使用缓冲流封装文件流，而后才能使用缓冲流读写文件。

java.io 包中提供了 BufferedReader、BufferedWriter、BufferedInputStream、BufferedOutputStream 4 个类来处理缓冲流，其中 BufferedReader、BufferedWriter 是以字符为处理单位的缓冲流，BufferedInputStream、BufferedOutputStream 是以字节为单位的缓冲流。

（1）BufferedWriter 类

BufferedWriter 为带有默认缓冲的字符输出流。当一个写请求产生后，数据并不马上写到

文件中，而是先写入高速缓存中，当缓存写满后或关闭流时，再一次性地从缓存写入文件中。这样可以减少实际读写请求的次数，提高将数据读写的效率。

① 构造方法
- BufferedWriter(Writer out)：创建一个使用默认大小输出缓冲区的缓冲字符输出流。

② 主要方法
- write(char ch)：写入单个字符。
- write(char []cbuf,int off,int len)：写入字符数据的某一部分。
- write(String s,int off,int len)：写入字符串的某一部分。
- newLine()：写入一个行分隔符。
- flush()：刷新该流中的缓冲。将缓冲数据写到目的文件中去。
- close()：关闭此流，在关闭前会先刷新。

③ 利用缓冲流给文件 Buffered.txt 写入内容示例

```java
import java.io.BufferedWriter;
import java.io.FileWriter;
import java.io.IOException;

public class BufferedWriterDemo {
    public static void main(String[] args) throws IOException {
        FileWriter fw = new FileWriter("Buffered.txt");
        /**
         * 为了提高写入的效率，使用了字符流的缓冲区
         * 创建了一个字符写入流的缓冲区对象，并和指定要被缓冲的流对象相关联
         */
        BufferedWriter bufw = new BufferedWriter(fw);

        //使用缓冲区中的方法将数据写入到缓冲区中
        bufw.write("hello world !");
        bufw.newLine();//换行
        bufw.newLine();
        bufw.write("!hello world !");
        bufw.write("!hello world !");
        //使用缓冲区中的方法，将数据刷新到目的地文件中去
        bufw.flush();
        //关闭缓冲区,同时关闭了fw流对象
        bufw.close();
    }
}
```

（2）BufferedReader 类

BufferedReader 为带有默认缓冲的字符输入流。从字符输入流中读取文本，缓冲各个字符，从而提供字符、数组和行的高效读取。可以指定缓冲区的大小，也可使用默认的大小。大多数情况下，默认值就足够大了。

① 构造方法
● BufferReader(Reader in)：创建一个使用默认大小输入缓冲区的缓冲字符输入流。
● BufferReader(Reader in,int sz)：创建一个使用指定大小输入缓冲区的缓冲字符输入流。参数 sz 指定输入缓冲区的大小。
② 主要方法
● read()：读取单个字符。
● read(char[] cbuf,int off,int len)：将字符读入到数组的某一部分，返回读取的字符数。达到尾部，返回-1。
● readLine()：读取一个文本行。
● close()：关闭该流，并释放与该流相关的所有资源。
③ 利用缓冲流读取文件的示例

```java
import java.io.*;
public class BufferedReaderDemo {
    /**
     * 字符读取流缓冲区
     * 此缓冲区提供了一个一次读一行的方法，方便对数据的获取，返回null时代表读到文件的尾部
     * readLine();
     */
    public static void main(String[] args)throws IOException {

        FileReader fr=null;
        BufferedReader bufw=null;

        fr=new FileReader("Buffered.txt ");//创建一个读取流对象和文件相关联
        bufw=new BufferedReader(fr);
        String line=null;

        while((line=bufw.readLine())!=null)
            System.out.println(line);

            if(bufw!=null)bufw.close();

        }
    }
```

（3）BufferedInputStream

BufferedInputStream 是带缓冲区的字节输入流，增强了批量数据输入到另一个输入流的能力。

① 构造方法
● BufferedInputStream(InputStream in)：创建一个 BufferedInputStream 并保存其参数，即输入流 in，以便将来使用。
● BufferedInputStream(InputStream in, int size)创建具有指定缓冲区大小的 BufferedInputStream

并保存其参数，即输入流 in，以便将来使用。

② BufferedInputStream 使用示例

```java
import java.io.*;
public class BufferedInputStreamDemo {

    public static void main(String[] args) throws IOException {
        File file = new File("wbuf.txt");
        FileInputStream fis = new FileInputStream(file);
        BufferedInputStream bis = new BufferedInputStream(fis);

        byte[] contents = new byte[1024];
        int byteRead = 0;
        String strFileContents;

        try {
            while((byteRead = bis.read(contents)) != -1){
            strFileContents = new String(contents,0,byteRead);
            System.out.println(strFileContents);
            }
        } catch (IOException e) {
            e.printStackTrace();
        }
        bis.close();
    }
}
```

（4）BufferedOutputStream

BufferedOutputStream 是一个缓冲输出流。通过建立这样一个输出流，应用程序可以写字节到底层输出流，而不必然导致调用底层的系统写入的每个字节。

① 构造方法

● BufferedOutputStream(OutputStream out)：创建一个新的缓冲输出流将数据写入到指定的基础输出流。

● BufferedOutputStream(OutputStream out, int size)：创建一个新的缓冲输出流，以将具有指定缓冲区大小写入指定的底层输出流。

② 主要方法

● flush()：刷新此缓冲的输出流。

● write(byte[], int off, int len)：将指定 byte 数值中从偏移量 off 开始的 len 个字节写入此输入流。对于长度一样大，此流的缓冲区将刷新缓冲区并直接写字节到输出流。

● write(int b)：将指定的字节写入此缓冲的输出流。

③ BufferedOutputStream 使用示例

复制当前工程目录下的 src.mp3 文件到当前工程目录下的 dec.mp3 中。

```java
import java.io.BufferedInputStream;
import java.io.BufferedOutputStream;
import java.io.FileInputStream;
import java.io.FileNotFoundException;
import java.io.FileOutputStream;
import java.io.IOException;
import java.io.InputStream;
public class BufferedInputStreamCopyFile {

    public static void main(String[] args) throws IOException {
        BufferedInputStream bis = new BufferedInputStream(new FileInputStream("src.mp3"));
        BufferedOutputStream bos = new BufferedOutputStream(new FileOutputStream("dec.mp3"));

        int i;

        do{
            i = bis.read();
            if(i != -1){
                bos.write(i);
            }
        }while(i != -1);

        bis.close();
        bos.close();
    }
}
```

4. 打印流

打印流是 java.io 包中输出信息最方便的类，主要包含字节打印流（PrintStream）和字符打印流（PrintWriter）。打印流提供了非常方便的数据输出功能，可以打印任何数据类型，例如：小数、整数、字符串等，同时支持自动刷新功能。

（1）PrintStream

① 构造方法

● PrintStream(File file)：创建具有指定文件且不带自动行刷新的新打印流。

● PrintStream(OutputStream out)：创建指定字节输出流的新的打印流。

● PrintStream(String fileName)：创建具有指定文件名称且不带自动行刷新的新打印流。

② 常用方法

● print(int i)：打印整数。

- print(String s)：打印字符串。
- println(String s)：打印字符串。
- close()：关闭流。
- flush()：刷新该流的缓冲。

（2）PrintWriter

① 构造方法

- PrintWriter (File file)：创建具有指定文件且不带自动行刷新的新打印流。
- PrintWriter (OutputStream out)：创建指定字节输出流的新的打印流。
- PrintWriter (String fileName)：创建具有指定文件名称且不带自动行刷新的新打印流。
- PrintWriter (Writer out)：创建不带自动行刷新的新 PrintWriter。

② 常用方法同 PrintStream。

（3）PrintWriter 使用示例

```java
import java.io.*;
public class PrintTest {
    public static void main(String[] args) throws IOException {
        FileWriter  out=new FileWriter("D:\\User\\user.txt",true);
        BufferedWriter BufferOut=new BufferedWriter(out);
        PrintWriter printOut=new PrintWriter(BufferOut);
        printOut.println("this is line one.");
        printOut.print("this is line two.");
        printOut.flush();
        printOut.close();
    }
}
```

5. 转换流

（1）InputStreamReader

InputStreamReader 是 Reader 的子类，将输入的字节流变为字符流，即将一个字节流的输入对象变为字符流的输入对象，是字节流通向字符流的桥梁。如果不指定字符集编码，该解码过程将使用平台默认的字符编码，如 GBK。

① 构造方法

- InputStreamReader(InputStream in)：构造一个默认编码集的 InputStreamReader 类。
- InputStreamReader(InputStream in,String charsetName)：构造一个指定编码集的 InputStreamReader 类。参数 in 对象通过 InputStream in = System.in;获得，读取键盘录入数据。

② 主要方法

- read()：读取单个字符。
- read(char[] cbuf)：将读取到的字符存到数组中，返回读取的字符数。

③ 将字节输入流变为字符输入流示例

```java
import java.io.*;
public class TransStreamDemo {
    public static void main(String[] args) throws IOException{
```

```java
        InputStream in=System.in;//获取键盘录入对象
        InputStreamReader isr=new InputStreamReader(in);
        //将字节流对象转成字符流对象,使用转换流InputStreamReader
        BufferedReader bufr=new BufferedReader(isr);
        //为了提高效率,将字符串进行缓冲区技术高效操作,使用BufferedReader
        String line=null;
while((line=bufr.readLine())!=null){
    if("over".equals(line))break;
     System.out.println(line);
    }
        bufr.close();
        }
}
```

（2）OutputStreamWriter

OutputStreamWriter：是 Writer 的子类，将输出的字节流变为字符流，即将一个字节流的输出对象变为字符流输出对象。

① 构造方法

● OutputStreamWriter(OutputStream out)：构造一个默认编码集。

● OutputStreamWriter(OutputStream out,String charsetName)：构造一个指定编码集的OutputStreamWriter 类。

② 常用方法

● write(char[] cbuf, int off, int len)：写入字符数组的某一部分。

● write(int c)：写入单个字符。

● write(String str, int off, int len)：写入字符串的某一部分。

③ 将字节输出流转换为字符输出流示例

```java
import java.io.*;
public class OutputStreamWriterDemo01 {
public static void main(String[] args) {
    try {
     File f = new File("d:" + File.separator + "test.txt");
    // 创建输出流
    FileOutputStream fos = new FileOutputStream(f);
OutputStreamWriter os = new OutputStreamWriter(fos);
    BufferedWriter bos = new BufferedWriter(os);

    // 写入数组数据
    char[] buf = new char[3];
    buf[0] = 'a';
    buf[1] = 'b';
    buf[2] = '中';
    bos.write(buf);
```

```
        // 关闭输出流
        bos.close();
        os.close();
        fos.close();
        } catch (IOException e) {
        }
    }
}
```

任务实施

```
RegisterFrame.java
import java.awt.*;
import java.awt.event.*;
import java.io.*;
import javax.swing.*;
import javax.swing.border.TitledBorder;
public class RegisterFrame {
    public static void main(String[] args) {
        final JFrame frame1=new JFrame("注册");
        JPanel  panel1=new JPanel();
        JPanel  panel2=new JPanel();
        panel1.setBorder(new TitledBorder("注册"));
        panel1.setLayout(new GridBagLayout());//设置面板1布局管理器为网格包布局
//设置面板1中要添加的组件的布局约束对象
        GridBagConstraints labelgbc1=new GridBagConstraints();
        labelgbc1.gridx=0;
        labelgbc1.gridy=0;
        GridBagConstraints labelgbc2=new GridBagConstraints();
        labelgbc2.gridx=0;
        labelgbc2.gridy=1;
        GridBagConstraints labelgbc3=new GridBagConstraints();
        labelgbc3.gridx=0;
        labelgbc3.gridy=2;
        GridBagConstraints labelgbc4=new GridBagConstraints();
        labelgbc4.gridx=0;
        labelgbc4.gridy=4;
        GridBagConstraints labelgbc5=new GridBagConstraints();
        labelgbc5.gridx=0;
        labelgbc5.gridy=3;
        GridBagConstraints comboGbc=new GridBagConstraints();
        comboGbc.gridx=1;
        comboGbc.gridy=3;
```

```java
comboGbc.gridwidth=1;
comboGbc.insets=new Insets(10,0,0,20);
GridBagConstraints textGbc1=new GridBagConstraints();
textGbc1.gridx=1;
textGbc1.gridy=0;
textGbc1.gridwidth=4;
textGbc1.insets=new Insets(10,0,0,20);
GridBagConstraints textGbc2=new GridBagConstraints();
textGbc2.gridx=1;
textGbc2.gridy=1;
textGbc2.gridwidth=4;
textGbc2.insets=new Insets(10,0,0,20);
GridBagConstraints textGbc3=new GridBagConstraints();
textGbc3.gridx=1;
textGbc3.gridy=2;
textGbc3.gridwidth=4;
textGbc3.insets=new Insets(10,0,0,20);
GridBagConstraints textGbc4=new GridBagConstraints();
//创建文本框的约束对象
textGbc4.gridx=1;
textGbc4.gridy=4;
textGbc4.gridwidth=4;
textGbc4.insets=new Insets(10,0,0,20);
//创建面板1中要添加的组件对象
JLabel label1=new JLabel("    用户名:");
JLabel label2=new JLabel("  密    码:");
JLabel label3=new JLabel("确认密码:");
JLabel label4=new JLabel("  邮    箱:");
JLabel label5=new JLabel("  性    别:");
final JTextField text1=new JTextField(17);
final JTextField text2=new JTextField(17);
final JTextField text3=new JTextField(17);
final JTextField text4=new JTextField(17);
//创建性别组合框
String[] sex={"男","女"};
final JComboBox comboBox=new JComboBox(sex);

//将组件添加到面板1中
panel1.add(label1,labelgbc1);
panel1.add(text1,textGbc1);
panel1.add(label2,labelgbc2);
panel1.add(text2,textGbc2);
panel1.add(label3,labelgbc3);
```

```java
        panel1.add(text3,textGbc3);
        panel1.add(label5,labelgbc5);
        panel1.add(comboBox,comboGbc);
        panel1.add(label4,labelgbc4);
        panel1.add(text4,textGbc4);
        final JButton button1=new JButton("注册");    //添加注册按钮
        final JButton button2=new JButton("清除");    //添加清除按钮
        //创建动作事件监听器类，响应单击注册按钮和清除按钮事件
        class AcListener  implements ActionListener {
        public void actionPerformed(ActionEvent e) {
        //通过getSource方法，判断触发事件的是哪个按钮
        if(e.getSource()==button1){
        File UserFile=new File("D:\\User\\user.txt");
        UserCheck check=new UserCheck(UserFile);
        try {//捕获文件流异常
        check.checkFile();//检查保存文件是否存在
        //检查用户名、密码是否为空，密码两次输入是否一致
        if(text1.getText().equals("")||text2.getText().equals("")||text3.getText().equals(""))
    {
        JOptionPane.showConfirmDialog(frame1, "密码和用户名不能为空，请重新输入。","错误",JOptionPane.DEFAULT_OPTION);
        button2.doClick();
        }
        else if(!text2.getText().equals(text3.getText())){
        JOptionPane.showConfirmDialog(frame1, "密码不一致，请重新输入。","错误",JOptionPane.DEFAULT_OPTION);

        }
        else{
            //检查用户名是否已注册
            if(check.checkInformation(text1.getText())){
            JOptionPane.showConfirmDialog(frame1, "用户名已存在，请重新输入用户名","错误",JOptionPane.DEFAULT_OPTION);
            }
            else{
            //经检查，没有问题。将新用户信息写入用户文件
    String    userInfo=text1.getText()+"#"+text2.getText()+"#"+text4.getText()+"#"+comboBox.getSelectedItem();
        FileWriter  out=new FileWriter("D:\\User\\user.txt",true);//创建追加输出
//的文件流
        BufferedWriter BufferOut=new BufferedWriter(out);//创建缓冲流
        PrintWriter printOut=new PrintWriter(BufferOut);//创建打印流
```

```java
            printOut.println(userInfo);//逐行输出注册信息
            printOut.flush();
            printOut.close();
        }
      }
     }
catch (IOException e1) {
    e1.printStackTrace();
}
}
//如果单击的是清除按钮,则清空输入内容
else if(e.getSource()==button2){
text1.setText("");
text2.setText("");
text3.setText("");
text4.setText("");
}}
}
    button1.addActionListener(new AcListener());//为按钮注册事件监听器
    button2.addActionListener(new AcListener());//为按钮注册事件监听器
    FlowLayout flow=new FlowLayout(FlowLayout.RIGHT);
    flow.setHgap(20);
    flow.setVgap(20);
    panel2.setLayout(flow);
    panel2.add(button1);  //在面板2中添加按钮组件
    panel2.add(button2);
    frame1.add(panel1,BorderLayout.CENTER);
    frame1.add(panel2,BorderLayout.SOUTH);
    frame1.setSize(new Dimension(350,400));
    frame1.setDefaultCloseOperation(JFrame.EXIT_ON_CLOSE);
    frame1.setVisible(true);
}
}


UserCheck.java
import java.io.*;
//创建用户信息校验类,判断用户保存文件是否存在,用户名是否已注册
public class UserCheck {

    File userFile;
    public UserCheck(File userFile){
        this.userFile=userFile;
    }
```

```java
//检查保存文件和目录是否存在
public void checkFile() throws IOException {
    File userFolder=new File(userFile.getParent());
    if(userFolder.exists()){
        if(!userFile.exists())
        userFile.createNewFile();
    } else{
        userFolder.mkdir();
      if(!userFile.exists())
        userFile.createNewFile();}
}
//检查用户名是否已经被注册
public boolean checkInformation(String userName) throws IOException {
    String userInfo="";
    Boolean exist=false;
    FileReader read=new FileReader(userFile);//创建文件流
    BufferedReader bufferRead=new BufferedReader(read);//创建缓冲流
    //使用缓冲流，逐行读出用户信息，进行判断
    while((userInfo=bufferRead.readLine())!=null){
        String[] user=userInfo.split("#");
            if(user[0].equals(userName)){
                exist=true;
            }
    }
    bufferRead.close();
    read.close();
    return exist;
}
}
```

程序运行结果为

习题 8

一、选择题

1. File 类是 java.io 包中提供的专门用于处理文件和目录有关操作的类。它用于创建文件的方法是（　　）。
   A．getName()　　　　　　　　　　B．mkdir()
   C．createNewFile()　　　　　　　　D．isFile()

2．下列选项中，是抽象类 InputStream 子类的是（　　）。
   A．FileOutputStream　　　　　　　B．FileInputStream
   C．FileReader　　　　　　　　　　D．FileWriter

3．下列定义的文件输出流，能够追加输出数据的是（　　）。
   A．FileOutputStream out=null;
   B．FileOutputStream out=new FileInputStream("D:\\java\\FileTest.java");
   C．FileOutputStream out=new FileInputStream("D:\\java\\FileTest.java"，true);
   D．FileOutputStream out=new FileInputStream(new File（"D:\\java\\FileTest.java"）);

4．下列选项不属于缓冲流的类是（　　）。
   A．BufferedReader　　　　　　　　B．BufferedWriter
   C．BufferedOutputStream　　　　　D．PrintStream

5．打印流提供了非常方便的数据输出功能，其中可以换行输入的方法是（　　）。
   A．print(String s)　　　　　　　　B．close()
   C．println(String s)　　　　　　　D．flush()

二、填空题

1．对于 Java 中的输入流、输出流，按照读取方向的不同可分为＿＿＿＿、＿＿＿＿，按照处理数据单位的不同可分为＿＿＿＿和＿＿＿＿两类，按照处理功能不同可分为＿＿＿＿和＿＿＿＿。

2．File 类中，用于确定文件或目录是否存在的方法是＿＿＿＿，用于获取绝对路径的方法是＿＿＿＿，用于创建文件夹的命令是＿＿＿＿，用于删除文件或目录的命令是＿＿＿＿。

3．字节流处理数据的单位为＿＿＿＿，字节流的抽象基类为＿＿＿＿、＿＿＿＿。

4．转换流可以将字节流转换为字符流，Java 中转换流的类为＿＿＿＿、＿＿＿＿。

三、编程题

1．遍历 D:盘下面的文件，并将文件名输出。

2．编写程序，通过键盘输入多行信息，并将输入内容直接保存到一个文本文件中。

多线程机制

单元 9

目前主流的操作系统大多数都支持多任务处理，如在玩游戏的同时可以听歌曲、在浏览网页的同时可以下载东西等，其中的各个任务是由不同的程序分别控制的。然而，每个程序中可能又同时运行着多个子任务，每个子任务分别由不同的程序段控制和实现。要实现一个程序同时运行多个子任务的效果，就需要使用多线程技术。Java是一门支持多线程技术的语言，Java虚拟机允许应用程序并发地运行多个线程，同时Java中内置了大量的类和接口，帮助程序开发人员进行多线程开发。本章将通过一个简单的项目来介绍Java中有关多线程的基本知识和技术。

项目 11　开发一个"随机摇号小工具"

● 项目描述

利用本项目将要学习Java的多线程技术，编程开发一个"随机摇号小工具"，其界面如图9-1所示。

图9-1　"随机摇号小工具"界面

● 功能要求

当用户单击"开始摇号"按钮后，各个号码窗口中的数字开始从0至9随机滚动，当单击"停止"按钮时，所有号码窗口中的数字停止滚动。

任务 1 "随机摇号小工具"的界面设计

任务分析

根据项目描述的要求,项目界面中所需基本组件的类型、数量和作用分别为:
(1) 窗体:"随机摇号小工具"程序的主显示窗口;
(2) 按钮:需要 8 个按钮,其中 6 个用于号码窗口显示数字,一个用于"开始摇号",一个用于"停止"。

相关知识点

(1) JFrame 容器的基本应用。
(2) JButton 组件的基本应用。

任务实施

根据前面已经学过的 Java 图形用户界面编程的相关知识和技术,"随机摇号小工具"的界面设计过程和详细代码如下。

1. 设计过程

创建窗体类 Lottery,该类继承自 JFrame 类,并在该窗体中添加按钮控件,各个控件及说明见表 9-1。

表 9-1 窗体中的控件及说明

控 件 类 型	控 件 名 称	控 件 功 能
JButton	numButton[]	用于显示 6 个号码窗口的按钮组
JButton	jB1	用于显示"开始摇号"按钮
JButton	jB2	用于显示"停止"按钮

2. 代码实现

【程序文件 1:Lottery.java】

```java
import java.awt.*;
import java.awt.event.*;
import javax.swing.*;
public class Lottery extends JFrame{
    JButton[] numButton;
    JButton jB1, jB2;
    static Lottery lottery;
    public Lottery() {
        super("随机摇号小工具");
        numButton = new JButton[6];
```

```
            jB1 = new JButton("开始摇号");
            jB1.setBounds(140, 140, 100, 50);
            jB2 = new JButton("停止");
            jB2.setBounds(270, 140, 100, 50);
            Container c = this.getContentPane();
            c.setLayout(null);
            for (int i = 0; i < 6; i++) {
                numButton[i] = new JButton(String.valueOf(i + 1));
                numButton[i].setFont(new Font("黑体", Font.BOLD, 30));
                numButton[i].setBounds(50 + ((i) * 70), 50, 60, 50);
                c.add(numButton[i]);
            }
            c.add(jB1);
            c.add(jB2);
            this.setSize(515, 250);
            this.setVisible(true);
        }
        public static void main(String args[]) {
            lottery = new Lottery();
        }
    }
```

技能拓展

对"程序文件 1"进行修改,实现当单击"停止"按钮时,可以将用户所摇号码输出到一个"编辑框"之中。

任务 2 "随机摇号小工具"的功能实现

任务分析

根据项目的功能要求,该任务需要具体实现的功能包括:
(1)设计 6 个子线程分别控制 6 个号码窗口中数字的滚动。
(2)通过单击"开始摇号"按钮能够实现对 6 个子线程的启动操作,通过单击"停止"按钮能够实现对 6 个子线程的终止操作。

相关知识点

1. 进程与线程

进程是一个程序的一次动态执行过程,包括从代码的加载、程序运行到执行结束整个阶段,这个过程也是进程从产生、发展到消亡的过程。CPU 利用本身的时间片分配机制可以在不同的时间片运行不同的程序。在某一个时间段内，由于 CPU 时间片的轮转速度非常快，才使得用户感觉所有程序是在同时运行。

线程可以看作进程的组成部分，即线程是进程程序中的一段代码块。一个进程可以由若干个线程构成，所谓多线程机制就是指一个进程中包含着若干个线程，当进程开始运行时，其中的线程可以采用不同的组合方式同时运行，因此，一个进程可以包含多个同时运行的线程。线程是伴随着进程的运行而运行的，当然，若一个进程已经消亡，那么它所包含的线程也会随之消亡。

2. Java 中多线程的实现方法

Java 中用于实现多线程的方法有两种：一种是继承 Thread 类，另一种是实现 Runnable 接口。下面将介绍这两种方法的具体实现过程。

（1）继承 Thread 类

Thread 类位于 java.lang 包中，如果一个类继承了 Thread 类，那么该类就成为一个线程类。另外，Thread 类中有一个 run()方法，一个类继承了 Thread 类之后，应该重载该方法，方法体中的内容即该线程的主体。

① 继承 Thread 类实现多线程的格式如下。

```
class 类名 extends Thread{              //继承Thread类
    成员变量;                            //定义线程类的成员变量
    成员方法;                            //定义线程类的成员方法
    public void run(){                  //重载父类Thread的run()方法
    线程主体的实现;
    }
}
```

【实例 9-1】定义一个线程类。

```
class ThreadExample extends Thread{              //继承Thread类
    private String name;                         //定义一个私有属性name
    public ThreadExample(String name){           //线程类的构造方法
    this.name=name;
}
public void run(){                               //重载Thread类的run()方法
    for(int i=0; i<10; i++){                     //线程主体，实现循环输出
    System.out.println("线程" + name + "第" + i + "次执行!");
    }
  }
}
```

以上实例中已经定义好了一个线程类，那么如何启动一个线程，让它开始运行呢？也就是说，如何调用 run()方法来执行线程主体呢？由于线程的运行需要底层操作系统支持，所以不能通过直接调用 run()方法来启动一个线程，而需要通过调用 Thread 类中的 start()方法，借助底层操作系统间接地调用 run()方法，才能启动一个线程。

```
start()方法
public void start()
```

该方法的作用是使当前线程开始执行，Java 虚拟机会调用该线程的 run() 方法。

② Thread 类的构造方法如下。

```
public Thread()
```

创建一个新的 Thread 对象。

【实例 9-2】 线程的启动。

```java
class ThreadExample extends Thread{                //继承Thread类
    private String name;                            //定义一个私有属性name
    public ThreadExample(String name){              //线程类的构造方法
    this.name=name;
}
public void run(){                                  //重载Thread类的run()方法
    for(int i=0; i<10; i++){                        //线程主体，实现循环输出
    System.out.println("线程" + name + "第" + i + "次执行！");
}
    }
}
public class ThreadTest{
    public static void main(String []args){
    ThreadExample te1=new ThreadExample("A");       //创建线程类对象
    ThreadExample te2=new ThreadExample("B");       //创建线程类对象
    te1.start();                                    //启动线程
    te2.start();                                    //启动线程
}
}
```

程序运行结果如下。

```
线程A第0次执行！
线程A第1次执行！
线程A第2次执行！
线程B第0次执行！
线程B第1次执行！
线程B第2次执行！
线程B第3次执行！
线程B第4次执行！
线程A第3次执行！
线程A第4次执行！
线程B第5次执行！
线程A第5次执行！
线程A第6次执行！
线程B第6次执行！
线程B第7次执行！
线程B第8次执行！
```

> 线程B第9次执行！
> 线程A第7次执行！
> 线程A第8次执行！
> 线程A第9次执行！

注意：多线程程序运行结果不固定，以上结果只是可能情况之一。

前面学过 Java 的继承规则是单继承，即一个类只能有一个直接父类。由此可以得知，如果一个类除了 Thread 类还需要继承其他类，就会受到单继承机制的限制，所以通常情况下，程序中实现多线程采用的是第二种方法。

（2）实现 Runnable 接口

Runnable 接口同样位于 java.lang 包中，该接口中只包含一个抽象方法 run()。所以，如果一个类实现了 Runnable 接口，那么就要重载 run()方法，同样方法体中的内容就是该线程的主体。

① 通过实现 Runnable 接口来实现多线程的格式如下。

```
class 类名 implements Runnable{          //实现Runnable接口
    成员变量；                              //定义线程类的成员变量
    成员方法；                              //定义线程类的成员方法
    public void run(){                    //重载接口Runnable的run()方法
    线程主体的实现；
    }
}
```

【实例 9-3】实现一个线程类。

```
class ThreadExample implements Runnable{           //实现Runnable接口
    private String name;                            //定义一个私有属性name
    public ThreadExample(String name){              //线程类的构造方法
    this.name=name;
    }
public void run(){                                 //重载Thread类的run()方法
    for(int i=0; i<10; i++){                       //线程主体，实现循环输出
    System.out.println("线程" + name + "第" + i + "次执行！");
    }
    }
}
```

以上例子中已经通过实现 Runnable 接口定义了一个线程类。按照前面所述，为了启动一个线程需要调用 Thread 类的 start()方法，但此时线程类中并没有 start()方法，所以为了调用 Thread 类的 start()方法，需要使用 Thread 类的另一个构造方法。

② Thread 类的构造方法

```
public Thread(Runnable target)
```

通过 Runnable 接口的子类对象来创建一个新的 Thread 对象。

【实例 9-4】线程的启动。

```java
    class ThreadExample implements Runnable{        //实现Runnable接口
        private String name;                        //定义一个私有属性name
        public ThreadExample(String name){          //线程类的构造方法
        this.name=name;
    }
public void run(){                                  //重载Thread类的run()方法
    for(int i=0; i<10; i++){                        //线程主体,实现循环输出
    System.out.println("线程" + name + "第" + i + "次执行! ");
}
}
}
public class ThreadTest{
    public static void main(String []args){
    ThreadExample te1=new ThreadExample("A");       //创建线程类对象
    ThreadExample te2=new ThreadExample("B");       //创建线程类对象
    Thread t1=new Thread (te1);                     //创建Thread类对象
    Thread t2=new Thread (te2);                     //创建Thread类对象
    t1.start();                                     //启动线程
    t2.start();                                     //启动线程
}
}
```

程序运行结果如下。

```
线程A第0次执行!
线程A第1次执行!
线程B第0次执行!
线程B第1次执行!
线程B第2次执行!
线程B第3次执行!
线程B第4次执行!
线程B第5次执行!
线程B第6次执行!
线程A第2次执行!
线程A第3次执行!
线程B第7次执行!
线程B第8次执行!
线程B第9次执行!
线程A第4次执行!
线程A第5次执行!
线程A第6次执行!
线程A第7次执行!
线程A第8次执行!
线程A第9次执行!
```

综上所述,Java 中两种实现多线程的方法虽然不一样,但是创建线程对象后,都需要使

用 Thread 类中的 start()方法来启动线程。第一种方法只应用于少数特殊情况中,如在线程类及线程主体的代码非常简单时,可以考虑通过继承 Thread 类实现线程,其他情况一般推荐使用第二种实现线程的方法。

3. Thread 类和 Runnable 接口的区别

既然 Thread 类和 Runnable 接口都可以实现多线程,那么二者在实现多线程的时候有什么不同之处吗?下面将通过一个实际例子来说明这两种方法的主要区别。

【实例9-5】使用 Thread 实现一个线程类模拟售票程序。

```java
    class SellTicketThread extends Thread{          //继承Thread类
        private String name;                         //定义一个私有属性name
        private int tickets = 6;                     //定义一个私有属性tickets
        public SellTicketThread(String name){        //线程类的构造方法
    this.name=name;
}
public void run(){                                   //重载Thread类的run()方法
    for(int i=0; i<10; i++){                         //线程主体,输出余票数量
    if(tickets>0){
System.out.println("售票点" + name + "有余票" + tickets-- + "张!");
        }
}
}
}
public class ThreadTest{
    public static void main(String args[]){
    SellTicketThread stt1=new SellTicketThread("A");  //创建线程类对象
    SellTicketThread stt2=new SellTicketThread("B");  //创建线程类对象
    stt1.start();                                     //启动线程
    stt2.start();                                     //启动线程
}
}
```

程序运行结果如下。

```
售票点A有余票6张!
售票点A有余票5张!
售票点B有余票6张!
售票点B有余票5张!
售票点A有余票4张!
售票点A有余票3张!
售票点B有余票4张!
售票点B有余票3张!
售票点B有余票2张!
售票点B有余票1张!
售票点A有余票2张!
售票点A有余票1张!
```

从以上结果可以看出，两个线程对象并没有对票数实现共享，这个结果显然与现实情况不符，下面改用 Runnable 接口实现线程类，观察有什么不同。

【实例9-6】使用 Runnable 接口实现一个线程类模拟售票程序。

```java
class SellTicketThread implements Runnable{        //实现Runnable接口
    private int tickets = 6;                       //定义一个私有属性tickets
public void run(){                                 //重载Runnable接口的run()方法
    for(int i=0; i<10; i++){                       //线程主体，输出余票数量
        if(tickets>0){
        System.out.println("售票点" + Thread.currentThread().getName() + "有余票" + tickets-- + "张! ");
            }
        }
    }
}
public class ThreadTest{
    public static void main(String args[]){
    SellTicketThread stt1=new SellTicketThread();  //创建线程类对象
    Thread t1=new Thread(stt1);                    //创建Thread类对象
    Thread t2=new Thread(stt1);                    //创建Thread类对象
    t1.start();                                    //启动线程
    t2.start();                                    //启动线程
    }
}
```

程序运行结果如下。

```
售票点Thread-0有余票6张!
售票点Thread-0有余票4张!
售票点Thread-0有余票3张!
售票点Thread-1有余票5张!
售票点Thread-1有余票1张!
售票点Thread-0有余票2张!
```

从以上结果可以看出，两个线程对象对总票数实现了共享，即两个售票点共同出售这6张票。

综上所述，实现 Runnable 接口与继承 Thread 类相比，有以下两个优势：

① 由于 Java 中接口可以多线程，但类只能单继承，所以使用 Runnable 接口实现多线程可以避免单继承机制所带来的限制。

② 使用 Runnable 接口可以实现多个线程共享程序中的相关资源。

4. Thread 类的常用方法

虽然实现线程的方法有继承 Thread 类和实现 Runnable 接口两种，但是对于线程的各种操作方法基本都位于 Thread 类之中。所以要想进一步学习并掌握有关多线程的知识和技术，首先需要认识 Thread 类的常用方法，见表9-2。

表 9-2　Thread 类的常用方法

方 法 名 称	方 法 功 能
public Thread()	创建一个新的 Thread 对象
public Thread(String name)	创建一个新的 Thread 对象，并设置新线程的名称
public Thread(Runnable target)	利用 Runnable 接口实例创建一个新的 Thread 对象
public static Thread currentThread()	返回目前正在执行的线程对象的引用
public final String getName()	返回该线程的名称
public final int getPriority()	返回该线程的优先级
public Thread.State getState()	返回该线程的状态
public void interrupt()	中断该线程
public final Boolean isAlive()	测试该线程是否处于活动状态
public final void join() throws InterruptedException	等待该线程终止或消亡
public final void setName()	设置该线程的名称
public static void sleep(long millis) throws InterruptedException	让当前正在执行的线程休眠指定的毫秒数
public void start()	使该线程开始执行
public static void yield()	暂停当前正在执行的线程对象，并执行其他线程

下面通过实例介绍 Thread 类的部分方法。

【实例 9-7】设置和获取线程的名称。

```
class ThreadName implements Runnable{          //实现Runnable接口
    public void run(){                         //重载run()方法
for(int i=0;i<5;i++){                          //线程主体
System.out.println("线程" + Thread.currentThread().getName() + "正在运行:
" + "i=" + i);                                 //获取线程的名称并输出
}
}
}
public class ThreadTest{
public static void main(String args[]){
    ThreadName tn=new ThreadName();            //创建线程类对象
    Thread t1=new Thread(tn);                  //创建Thread类对象
    Thread t2=new Thread(tn);                  //创建Thread类对象
    t1.setName("A");                           //设置线程的名称
    t2.setName("B");                           //设置线程的名称
    t1.start();                                //启动线程
    t2.start();                                //启动线程
}
}
```

程序运行的结果如下。

```
线程A正在运行：i=0
线程B正在运行：i=0
线程B正在运行：i=1
线程B正在运行：i=2
线程B正在运行：i=3
线程B正在运行：i=4
线程A正在运行：i=1
线程A正在运行：i=2
线程A正在运行：i=3
线程A正在运行：i=4
```

【实例9-8】线程休眠。

```
    class ThreadSleep implements Runnable{        //实现Runnable接口
        public void run(){                        //重载run()方法
    for(int i=0;i<5;i++){
    try{                                          //sleep()方法可能抛出异常
    Thread.sleep(1000);                           //线程休眠1000毫秒
    }catch (Exception e){}
    System.out.println("线程" + Thread.currentThread().getName() + "正在运行："
+ "i=" + i);
    }
    }
    }
    public class ThreadTest{
      public static void main(String args[]){
          ThreadSleep tn=new ThreadSleep ();      //创建线程类对象
          Thread t=new Thread(tn);                //创建Thread类对象
          t.setName("A");                         //设置线程的名称
          t.start();                              //启动线程
      }
    }
```

程序运行结果如下（每次输出间隔1000毫秒）。

```
线程A正在运行：i=0
线程A正在运行：i=1
线程A正在运行：i=2
线程A正在运行：i=3
线程A正在运行：i=4
```

【实例9-9】线程暂停。

```
    class ThreadSleep implements Runnable{        //实现Runnable接口
        public void run(){                        //重载run()方法
    for(int i=0;i<5;i++){
System.out.println("线程" + Thread.currentThread().getName() + "正在运行："
```

```java
         + "i=" + i);
      if(i==2){
      Thread.currentThread().yield();    //暂停当前线程，执行其他线程
      }
     }
    }
   }
   public class ThreadTest{
      public static void main(String args[]){
          ThreadSleep tn=new ThreadSleep ();      //创建线程类对象
          Thread t1=new Thread(tn);               //创建Thread类对象
          Thread t2=new Thread(tn);               //创建Thread类对象
          t1.setName("A");                        //设置线程的名称
          t2.setName("B");                        //设置线程的名称
          t1.start();                             //启动线程
          t2.start();                             //启动线程
      }
   }
```

程序运行结果如下。

```
线程A正在运行：i=0
线程A正在运行：i=1
线程A正在运行：i=2
线程B正在运行：i=0
线程B正在运行：i=1
线程B正在运行：i=2
线程A正在运行：i=3
线程A正在运行：i=4
线程B正在运行：i=3
线程B正在运行：i=4
```

任务实施

学习了 Java 多线程开发的基本知识后，下面就来编程实现任务 2。利用 Java 的多线程技术并结合事件处理机制来实现"随机摇号小工具"的号码窗口中各个数字的"滚动"和"停止"效果。

根据前面介绍的 Java 多线程的相关知识，"随机摇号小工具"的功能实现过程和详细代码如下。

1. 设计过程

首先，通过继承 Thread 类的方法增加一个线程类 NumBoardThread，实现号码窗口中数字的"滚动"效果，详见"程序文件 2"。

其次，对程序文件 1 的 Lottery 类进行修改，实现相关按钮的单击事件处理及与线程类的交互，详见"程序文件 3"。

2. 代码实现

【程序文件 2：NumBoardThread.java】

```java
class NumBoardThread extends Thread {  //定义线程类继承Thread类
    int nBIndex;                       //按钮数组下标
    int time = 50;                     //线程休眠时间
    boolean isRun ;                    //线程控制变量，控制线程运行与终止
    Lottery lottery;
    public NumBoardThread(Lottery lottery, int index) {
        this.isRun = true;
        this.lottery = lottery;
        this.nBIndex = index;
    }
    public void run() {  //重载Thread类的run()方法，实现数字的"滚动"
        while (isRun)
            try {
                lottery.numButton[nBIndex].setText(String.valueOf((int)(Math.random() * 9)));
                Thread.sleep(time);
            } catch (InterruptedException e) {
                e.getMessage();
            }
    }
}
```

【程序文件 3：Lottery.java】

```java
import java.awt.*;
import java.awt.event.*;
import javax.swing.*;
public class Lottery extends JFrame implements ActionListener {//实现监听者接口
    JButton[] numButton;
    JButton jB1, jB2;
    static NumBoardThread[] nBThread;    //申明一个线程类数组
    static Lottery lottery;              //申明一个静态对象
    public Lottery() {
        super("随机摇号小工具");
        nBThread = new NumBoardThread[6];  //创建线程类数组对象
        numButton = new JButton[6];
        jB1 = new JButton("开始摇号");
        jB1.setBounds(140, 140, 100, 50);
        jB1.addActionListener(this);        //添加事件监听者
        jB2 = new JButton("停止");
        jB2.setBounds(270, 140, 100, 50);
        jB2.addActionListener(this);        //添加事件监听者
        Container c = this.getContentPane();
```

```java
        c.setLayout(null);
        for (int i = 0; i < 6; i++) {
            numButton[i] = new JButton(String.valueOf(i + 1));
            numButton[i].setFont(new Font("黑体", Font.BOLD, 30));
            numButton[i].setBounds(50 + ((i) * 70), 50, 60, 50);
            c.add(numButton[i]);
        }
        c.add(jB1);
        c.add(jB2);
        this.setSize(515, 250);
        this.setVisible(true);
    }
    public void actionPerformed(ActionEvent e) {     //实现事件处理方法
        if (e.getSource() == jB1) {
            for (int i = 0; i < 6; i++) {
                if(!nBThread[i].isRun){              //创建各个子线程对象
                    nBThread[i] = new NumBoardThread(lottery, i);
                }
                if(nBThread[i].getState()==Thread.State.NEW){  //判断线程状态
                    nBThread[i].start();             //启动各个子线程对象
                }
            }
        } else {
            for (int i = 0; i < 6; i++) {
                nBThread[i].isRun = false;           //修改线程控制变量
            }
        }
    }
    public static void main(String args[]) {
        lottery = new Lottery();                     //创建Lottery类对象
        for (int i = 0; i < 6; i++) {
            nBThread[i] = new NumBoardThread(lottery, i); //创建各个子线程对象
        }
    }
}
```

技能拓展

在前面的相关知识点中介绍了两种实现线程的方法，在"任务 2"的实施过程中使用的是第一种方法，即通过继承 Thread 类来实现多线程。但实际中常用的是第二种方法，也就是通过实现 Runnable 接口来实现多线程编程。

请利用多线程的第二种实现方法，并参考上述"任务 2"的实施过程，编写程序再次完成该任务。

习题 9

编程题

编程实现一个功能升级的"随机摇号小工具",要求可以同时摇取 6 组随机号码,功能界面大致如下图所示。

单元 10

数据库编程

在实际开发过程中,有很多的数据都需要保存到数据库中,例如用户信息、购物信息、消费记录等。使用数据库管理技术可以对应用程序中的相关数据方便、快捷地进行查找、存储、修改、删除等各种操作。本单元将通过开发一个小型的"用户管理系统",使学生了解使用 Java 语言对数据库进行操作的常用方法。

项目 12 开发"用户管理系统"

项目描述

本单元开发的"用户管理系统"可以实现用户信息列表查看,用户新增、修改和删除等功能,系统界面如图 10-1 所示。

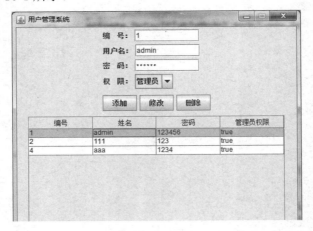

图 10-1 "用户管理系统"界面

功能要求

(1)使用 MySQL 数据库创建用户信息数据库和用户数据表。
(2)可以查看所有用户信息,包括用户序号、名称、密码、权限。
(3)可以通过输入序号、名称、密码、权限方法新增用户。

（4）可以修改用户信息。
（5）可以删除用户。

任务 1　创建 MySQL 数据库

▶ 任务分析

由于 MySQL 数据库是使用命令行的方式进行操作的，所以需要先安装图形化管理工具以实现对 MySQL 数据库的操作。MySQL 数据库的创建步骤是：①创建数据库，②添加数据表，③给数据表赋值。

▶ 相关知识点

1. MySQL 数据库的安装

（1）下载 MySQL 数据库安装文件

输入网址：https://dev.mysql.com/downloads/mysql/，选择对应的操作系统和版本，之后会出现下载链接，单击网页右侧的"Download"按钮可进行下载，下载界面如下图 10-2 所示。

图 10-2　MySQL 数据库安装文件下载界面

（2）安装 MySQL

下载完成后，可得到一个压缩文件 mysql-5.7.21-win64.zip，把它放到想要放置的位置，如 D 盘，并用解压软件解压到当前文件夹。环境变量的配置方法和 Java 的一致，就是把 MySQL 的 bin 路径 D:\mysql-5.7.21-winx64\bin 赋给环境变量 path，如图 10-3 所示。配置完成后，打开 cmd 命令窗口，

图 10-3　MySQL 环境变量设置

输入 mysql –V，如果输出版本号，表示配置成功，如下图 10-4 所示。

图 10-4　MySQL 环境变量配置检测

（3）启动服务器

输入命令：mysqld -initialize，初始化 MySQL，并生成 data 文件夹中的文件。如果没有报错，就表示初始化完成，然后输入命令：mysqld -install，安装 MySQL。如果出现 Service successfully installed 字样，说明安装成功了。最后在命令行窗口中输入命令：net start mysql 启动服务器。服务器启动界面如图 10-5 所示。

2．SQLyog 的安装

（1）用百度搜索 SQLyog，进入网址：https://sqlyog.en.softonic.com/下载 SQLyog 安装文件 sqlyog_x64.zip。

（2）解压后，双击安装程序 SQLyog-12.0.9-0.x64.exe 即可进行安装，安装过程如图 10-6～图 10-10 所示。

图 10-5　服务器启动界面

图 10-6　SQLyog 的安装过程 1

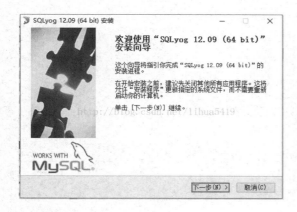

图 10-7　SQLyog 的安装过程 2

图 10-8　SQLyog 的安装过程 3

单元 10　数据库编程

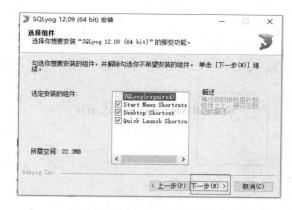

图 10-9　SQLyog 的安装过程 4

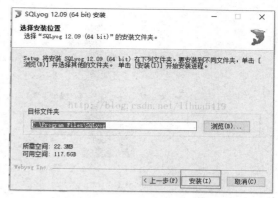

图 10-10　SQLyog 的安装过程 5

图 10-11　SQLyog 的安装过程 6

任务实施

1. 使用 SQLyog 连接 MySQL 服务器

打开 SQLyog 软件，单击菜单"文件—新连接"命令，打开"连接到我的 SQL 主机"对话框，输入主机地址：localhost，输入 MySQL 用户名和密码，单击"连接"按钮即可连接 MySQL 服务器，如图 10-12 所示。

2. 创建数据库

连接好 MySQL 服务器后，就可以开始创建数据库了。单击"数据库—创建数据库"命令，打开"创建数据库"对话框，输入数据库名称：userMannage，并选择字符集为：utf8，然后单击"创建"按钮，数据库 userMannage 就创建好了。

3. 添加数据表

在创建好的数据库中，右击文件夹"表"，在弹出的快捷菜单中选择"创建表"命令，打开"新表"窗口，这时可以对表中的字段进行设置，如图 10-14 所示。

• 199 •

图 10-12　"连接到我的 SQL 主机"对话框

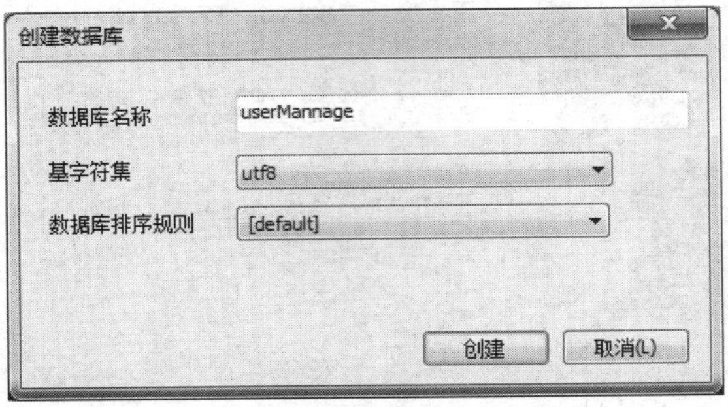

图 10-13　"创建数据库"对话框

图 10-14　"新表"窗口

4. 添加数据表

在新建的数据库中只有表结构，没有数据，是一个空表，需要添加初始数据后才能在程序中使用。在新建好的数据表 user 上右击，在弹出的快捷菜单中选择"打开表"命令，打开 user 表。在打开的 user 表界面中选择表数据，如图 10-15 所示，可以看到 user 表目前的数据，双击后显示为 NULL 的位置可输入新的数据。

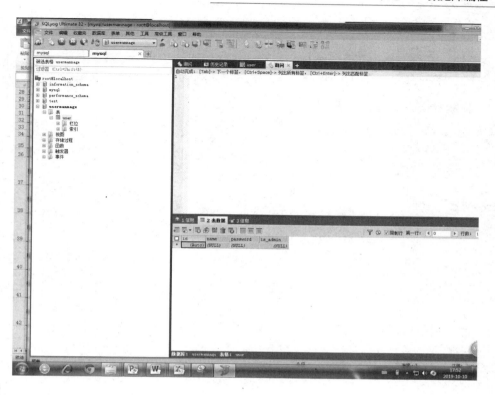

任务 2 创建数据库操作基类 BaseDao 类

任务分析

Java 数据库的基本操作，包括连接数据库，新增、修改、删除、查询数据库，这些操作都定义在了数据库操作基类 BaseDao 类中，作为数据库操作的基础。

相关知识点

1. Java 连接 MySQL 数据库的方法
（1）在工程 buildpath 中添加连接 mysql 包：mysql-connector-java5.7.12.zip。
（2）添加连接 MySQL 数据库的参数。

```
String DBDRIVER = "com.mysql.jdbc.Driver";
    String DBURL = "jdbc:mysql://127.0.0.1:3306/bms";
    String USER = "root";
    String PASSWORD ="root";
```

（3）连接数据库

Java 连接数据库分两步进行：①通过 Class.forName()方法注册连接驱动，②通过驱动管理器 DriverManager 中的 getConnection()方法创建连接，并返回类型为 Connection 的连接对象，具体代码如下。

```java
Class.forName(DBDRIVER );
Connection conn = DriverManager.getConnection(DBURL,USER,PASSWORD);
```

（4）检测数据库是否连接成功

```java
Public class DateBaseTest{
public static void main(String[] args) {
String DBDRIVER = "com.mysql.jdbc.Driver";
    String DBURL = "jdbc:mysql://127.0.0.1:3306/userMannage";
    String USER = "root";
    String PASSWORD ="123456";
     if(conn! =null){
     System.out.print("连接成功")
    }
  }
}
```

2．Java 操作数据库的方法

（1）常用 SQL 命令

- SELECT 语句。SELECT 语句用于从表中选取数据，并将数据保存到结果集中。其使用语法为

```
select * from 表名称
```

或

```
select 列名称 from 表名称
```

具体实例如下：

```
select * from user where id=1
```

- INSERT INTO 语句。INSERT INTO 语句用于向表格中插入新的行。语法为

```
INSERT INTO table_name (列1, 列2,...) VALUES (值1, 值2,....)
```

具体实例如下：

```
INSERT INTO user (name,password) values ("admin","123456")
```

- Update 语句。Update 语句用于修改表中的数据。语法为

```
UPDATE 表名称 SET 列名称 = 新值 WHERE 列名称 = 某值
```

具体实例如下：

```
update user set name="teacher" where id=1
```

- DELETE 语句。DELETE 语句用于删除表中的行，语法为

```
DELETE FROM 表名称 WHERE 列名称 = 值
```

具体实例如下:

```
delete from user where id=1
```

(2) 相关的 Java 接口
- Statement 接口。它主要用于执行静态 SQL 语句并返回它所生成的结果集对象。

```
Statement stm=stmt = conn.createStatement();
```

- ResultSet 接口。ResultSet 对象中保存了查询操作的结果集合,通过它可以访问查询结果集中的不同字段。

```
ResultSet rs = stmt.executeQuery(sql);
```

(3) Java 数据库应用程序中实现数据库查询和更新操作的主要过程
- 定义 SQL 查询语句,如 SQL 中的 SELECT、INSERT、DELETE、UPDATE 语句;
- 调用 Statement 对象的 executeQuery()方法执行 SQL 查询语句,并获得一个 ResultSet 类型的查询结果集对象,调用 executeUpdate()方法执行 SQL 更新语句更新数据库中的数据;
- 根据应用程序的具体要求调用 ResultSet 对象的相关方法,如 next()、getInt()及 getString()等对查询结果进行处理;
- 调用 close()方法关闭 ResultSet、Statement 和 Connection 对象,释放系统资源。

【实例 10-1】实现数据库的查询操作。

```
import java.sql.*;
public class QueryUser {
    public static void main(String[] args) throws Exception {
        String DBDRIVER = "com.mysql.jdbc.Driver";
        String DBURL = "jdbc:mysql://127.0.0.1:3306/usermannage";
        String USER = "root";
        String PASSWORD ="root";
        Class.forName(DBDRIVER);
        Connection conn = DriverManager.getConnection(DBURL,USER,PASSWORD);
        Statement stmt = conn.createStatement();
        String sql="select * from user";
        ResultSet rs = stmt.executeQuery(sql);
        if(rs.next()){
            System.out.println("用户编号:"+rs.getString("id")+"用户名称:"+rs.getString("name")+"用户密码:"+rs.getString("password")+"用户权限:"+rs.getBoolean("is_admin"));
        }
    }
}
```

【实例 10-2】 实现数据库的新增操作。

```java
import java.sql.*;
public class InserUser {
    public static void main(String[] args) throws Exception {
        String DBDRIVER = "com.mysql.jdbc.Driver";
        String DBURL = "jdbc:mysql://127.0.0.1:3306/usermannage";
        String USER = "root";
        String PASSWORD ="root";
        Class.forName(DBDRIVER);
        Connection conn = DriverManager.getConnection(DBURL,USER,PASSWORD);
        Statement stmt = conn.createStatement();
        String sql="INSERT INTO  user  (name,password,is_admin) values ('stu1','123456',1)";
        System.out.println(sql);
        int n= stmt.executeUpdate(sql);
        System.out.println(n);
    }
}
```

【实例 10-3】 实现数据库的修改操作。

```java
import java.sql.Connection;
import java.sql.DriverManager;
import java.sql.Statement;
public class UpdateUser {
    public static void main(String[] args) throws Exception {
        String DBDRIVER = "com.mysql.jdbc.Driver";
        String DBURL = "jdbc:mysql://127.0.0.1:3306/usermannage";
        String USER = "root";
        String PASSWORD ="root";
        Class.forName(DBDRIVER);
        Connection conn = DriverManager.getConnection(DBURL,USER,PASSWORD);
        Statement stmt = conn.createStatement();
        String sql="update  user set name='stu2' where id=3";
        System.out.println(sql);
        int n= stmt.executeUpdate(sql);
        System.out.println(n);
    }
}
```

【实例 10-4】 实现数据库的删除操作。

```java
import java.sql.Connection;
import java.sql.DriverManager;
import java.sql.Statement;
public class DeleteUser {
    public static void main(String[] args) throws Exception {
        String DBDRIVER = "com.mysql.jdbc.Driver";
        String DBURL = "jdbc:mysql://127.0.0.1:3306/usermannage";
        String USER = "root";
        String PASSWORD ="root";
        Class.forName(DBDRIVER);
        Connection conn = DriverManager.getConnection(DBURL,USER,PASSWORD);
        Statement stmt = conn.createStatement();
        String sql="delete from user  where id=3";
        System.out.println(sql);
        int n= stmt.executeUpdate(sql);
        System.out.println(n);
    }
}
```

任务实施

```java
import java.sql.*;
public class BaseDao {
    public static Connection conn=null;
    public BaseDao() throws Exception{
        String DBDRIVER = "com.mysql.jdbc.Driver";
        String DBURL = "jdbc:mysql://127.0.0.1:3306/userMannage";
        String USER = "root";
        String PASSWORD ="123456";
        if(conn==null){
            System.out.print("^^^^^^^^^");
            Class.forName(DBDRIVER);

            conn = DriverManager.getConnection(DBURL,"root","123456");
```

```java
        }
        else{
            System.out.print("#########");
            return;
        }
    }


    public ResultSet executeQuery(String sql) {
        Statement stmt;
        ResultSet rs = null;
        try {
            stmt = conn.createStatement();
            rs = stmt.executeQuery(sql);
        } catch (SQLException e) {
            System.out.println("查询错误");
            return null;

        }


        return rs;
    }

    public int executeUpdate(String sql) {

        Statement stmt;
        int n=-1;
        try {
            stmt = conn.createStatement();
            n=stmt.executeUpdate(sql);
            System.out.println("修改成功"+n);
            return n;
        } catch (SQLException e) {
```

```
        e.printStackTrace();
            return n;
        }
    }
}
```

任务 3　创建实体类

任务分析

Java 从数据库中查询到的数据结果如果需要保存，一般是保存到实体类的对象中。实体类也就是数据表所对应的属性类。

任务实施

本项目中创建的数据表只有一个 user 表，所以对应的实体类也只有一个 User 类。User 类中的每个属性都对应 user 数据表中的一个字段。

```java
public class User {
    private String id;
    private String name;
    private String pass;
    private boolean is_admin;
    public String getId() {
        return id;
    }
    public void setId(String id) {
        this.id = id;
    }
    public String getName() {
        return name;
    }
    public void setName(String name) {
        this.name = name;
    }
    public String getPass() {
```

```
        return pass;
    }
    public void setPass(String pass) {
        this.pass = pass;
    }
    public boolean getIs_admin() {
        return is_admin;
    }
    public void setIs_admin(boolean is_admin) {
        this.is_admin = is_admin;
    }
}
```

任务 4　"用户管理系统"的界面设计

任务分析

"用户管理系统"的界面大体上可以分为数据部分和表格部分。数据部分由用户编码、用户名称、密码、权限组成；表格部分以表格形式展示现有用户信息。

相关知识点

1. JTable 的使用方法

JTable 用来显示和编辑常规二维单元表，使用时一般通过 DefaultTableModel 类来实现。DefaultTableModel 类可以为表格提供初始数据和列名，通过其构造方法 DefaultTableModel(data, columnNames)来实现，data 表示表格中的数据，columnNames 表示列名。JTable 定义的表格一般放在滚动面板 JScrollPane 中，这样当内容超出表格显示范围时可以通过滚动条滚动查看。

（1）JTable 使用的一般步骤

● 定义表格列名和表格内容

```
String[] columnNames = {"A", "B"};
String[][] tableValues = {{"A1", "B1"}, {"A2", "B2"}, {"A3", "B3"}};
```

● 设置表格模型

```
DefaultTableModel model = new DefaultTableModel(tableValues, columnNames);
```

● 生成表格

单元 10　数据库编程

```
JTable table = new JTable(model);
```

- 将表格放入滚动面板

```
JScrollPane scroll = new JScrollPane(table);
```

- 为表格添加数据

```
model.addRow(object[] rowData);
```

（2）JTable 使用示例

```
import java.awt.BorderLayout;

import javax.swing.JButton;
import javax.swing.JFrame;
import javax.swing.JScrollPane;
import javax.swing.JTable;
import javax.swing.JTextField;
import javax.swing.WindowConstants;
import javax.swing.table.DefaultTableModel;

public class Demo extends JFrame {//窗体类
    private DefaultTableModel model;//表格模型
    private JTable table;//表格

    public Demo() {//窗体构造方法
        setTitle("表格模型");
        setBounds(100, 100, 400, 200);
        setDefaultCloseOperation(WindowConstants.EXIT_ON_CLOSE);

        String[] columnNames = {"A", "B"};//定义表格列名
        String[][] tableValues = {{"A1", "B1"}, {"A2", "B2"}, {"A3", "B3"}};//表格内容

        model = new DefaultTableModel(tableValues, columnNames);//设置模型
        table = new JTable(model);//引用模型，或table.setModel(model);
        JScrollPane sc = new JScrollPane(table);
        getContentPane().add(sc, BorderLayout.CENTER);
        this.setVisible(true);;
```

```
    }
    public static void main(String[] args) {
        new Demo();
    }
}
```

结果如下图所示：

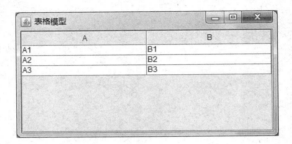

任务实施

```
public class UserMannage extends JFrame implements ActionListener {

    private JTextField tf_id;
    private JTextField tf_name;
    private JPasswordField pf_pass;
    private JComboBox<String> jc_isAdmin;
    private JButton bt_insert;
    private JButton bt_update;
    private JButton bt_delete;
    private JTable table;
    private DefaultTableModel model=new DefaultTableModel(new Object[][]{},
new String[]{"编号","姓名","密码","管理员权限"});
    private List<User> list;
    BaseDao bd=null;
    UserMannage(){
        try {
            bd=new BaseDao();
```

```java
        } catch (Exception e) {
            // TODO Auto-generated catch block
            e.printStackTrace();
        }
    list=selectUserList();
    this.setTitle("用户管理系统");
    this.setBounds(220, 100, 500, 620);
    this.setResizable(false);

    this.add(createDataPanel(),BorderLayout.CENTER);
    this.add(createTabelPanel(),BorderLayout.SOUTH);

    this.setVisible(true);
}

private List<User> selectUserList() {
    List<User> list=new ArrayList<User>();
    User user=null;
    String sql="select * from user ";
    System.out.println("^^^^^^^^"+bd);
    ResultSet rs=bd.executeQuery(sql);
    try {
        while(rs.next()){
            user=new User();
            user.setId(rs.getString("id"));
            user.setName(rs.getString("name"));
            user.setPass(rs.getString("password"));
            user.setIs_admin(rs.getBoolean("is_admin"));

            list.add(user);
        }
    } catch (SQLException e) {
        // TODO Auto-generated catch block
        e.printStackTrace();
```

```java
        }
        return list;
    }

    private JPanel createTabelPanel() {
        JPanel tablePanel=new JPanel();
        JScrollPane scroll=new JScrollPane();
        tablePanel.add(scroll);

        table= new JTable(model);
        for(int i=0;i<list.size();i++){
            User user=list.get(i);
            model.addRow(new Object[]{user.getId(),user.getName(),user.getPass(),user.getIs_admin()});
        }
        table.addMouseListener(new MouseAdapter() {
            @Override
            public void mouseClicked(MouseEvent arg0) {
                User user=list.get(table.getSelectedRow());
                tf_id.setText(""+user.getId());
                tf_name.setText(user.getName());
                pf_pass.setText(user.getPass());
                if(user.getIs_admin()==true){
                    jc_isAdmin.setSelectedIndex(0);
                }
                else{jc_isAdmin.setSelectedIndex(1);}
            }
        });
        scroll.setViewportView(table);
        return tablePanel;
    }
```

```java
private JPanel createDataPanel() {
    JPanel panel=new JPanel(new BorderLayout());
    FlowLayout flow1=new FlowLayout();
    flow1.setAlignment(0);
    flow1.setVgap(5);
    JPanel dataPanel=new JPanel(flow1);
    JPanel buttonPanel=new JPanel(new FlowLayout());
    JLabel jl_id=new JLabel("编    号：");
    JLabel jl_name=new JLabel("用户名：");
    JLabel jl_pass=new JLabel("密    码：");
    JLabel is_admin=new JLabel("权    限：");
    
    tf_id=new JTextField(10);
    tf_name=new JTextField(10);
    pf_pass=new JPasswordField(10);
    String[] admin=new String[]{"管理员","操作员"};
    jc_isAdmin=new JComboBox<String>(admin);
    
    bt_insert=new JButton("添加");
    bt_insert.addActionListener(this);
    bt_update=new JButton("修改");
    bt_update.addActionListener(this);
    bt_delete=new JButton("删除");
    bt_delete.addActionListener(this);
    Image img2=this.getToolkit().getImage("img/1.jpg");
    JLabel jl_zw1=new JLabel(new ImageIcon(img2));
    JLabel jl_zw2=new JLabel(new ImageIcon(img2));
    dataPanel.add(jl_id);
    dataPanel.add(tf_id);
    dataPanel.add(jl_name);
    dataPanel.add(tf_name);
    dataPanel.add(jl_pass);
    dataPanel.add(pf_pass);
    dataPanel.add(is_admin);
```

```java
            dataPanel.add(jc_isAdmin);

        buttonPanel.add(bt_insert);
        buttonPanel.add(bt_update);
        buttonPanel.add(bt_delete);

        panel.add(dataPanel,BorderLayout.CENTER);

        panel.add(jl_zw1,BorderLayout.EAST);
        panel.add(jl_zw2,BorderLayout.WEST);
        panel.add(buttonPanel,BorderLayout.SOUTH);
        return panel;
    }
    public void refresh(){
        model.setRowCount(0);
        list=selectUserList();
        for(int i=0;i<list.size();i++){
            User user=list.get(i);
            model.addRow(new Object[]{user.getId(),user.getName(),user.getPass(),user.getIs_admin()});

        }



    }
    @Override
    public void actionPerformed(ActionEvent e) {



    }
    public static void main(String[] args) {
        new UserMannage();


    }

}
```

任务 5 "用户管理系统"的功能实现

任务分析

"用户管理系统"的功能包括用户新增、修改、删除功能和表格点击事件、界面刷新功能。用户新增功能,用户输入编号、用户名、密码、权限信息后,单击添加按钮,将新用户添加到数据库,并在表格面板中更新;用户修改功能,在表格中单击要修改的用户,用户信息将出现在数据面板中,进行修改后,单击"修改"按钮,用户信息就会被修改,并在表格面板中更新显示;用户删除功能,在表格中单击要删除的用户,用户信息将出现在数据面板中,单击"删除"按钮,弹出对话框进行确认,确认后用户将会被删除并在表格面板中更新。

任务实施

1. 新增用户

```
User user=new User();
user.setId(tf_id.getText().trim());
user.setName(tf_name.getText().trim());
user.setPass(new String(pf_pass.getPassword()).trim());
boolean is_admin=false;
        if(jc_isAdmin.getSelectedItem().toString().equals("管理员"))
        {
            is_admin=true;
        }
        user.setIs_admin(is_admin);

        if(user.getId().equals("")||user.getName().equals("")){

            JOptionPane.showMessageDialog(null, "用户信息不能为空");
            return;
        }
        else{
            String sql="INSERT INTO  user (name,password,is_admin) values ('"+user.getName()+"','"+user.getPass()+"',"+user.getIs_admin()+")";
            int i=BaseDao.executeUpdate(sql);
```

```java
        if(i==1){

            refresh();

        }

    }
```

2. 修改用户

```java
User user=new User();
        user.setId(tf_id.getText().trim());
        user.setName(tf_name.getText().trim());
        user.setPass(new String(pf_pass.getPassword()).trim());
        boolean is_admin=false;
        if(jc_isAdmin.getSelectedItem().toString().equals("管理员"))
        {
            is_admin=true;
        }
        user.setIs_admin(is_admin);
        if(user.getId().equals("")||user.getName().equals("")){
            JOptionPane.showMessageDialog(null,"用户信息不能为空");
            return;
        }
        else{
            String sql="update user set name="+user.getName()+",password="+user.getPass()+",is_admin="+user.getIs_admin()+" where id="+user.getId();
            int i=BaseDao.executeUpdate(sql);
            if(i==1){

                refresh();

            }
        }
```

3. 删除用户

```java
String id=tf_id.getText().trim();
        int m=JOptionPane.showConfirmDialog(null,"你确定要删除这条用户信息么?","删除用户信息",JOptionPane.YES_NO_OPTION);

            if(m==JOptionPane.YES_NO_OPTION){
                System.out.println(id);
                String sql="delete from user where id="+id;
                int i=BaseDao.executeUpdate(sql);
                refresh();

            }
```

4. 界面刷新

```java
public void refresh(){
    model.setRowCount(0);
    list=selectUserList();
    for(int i=0;i<list.size();i++){
        User user=list.get(i);
        model.addRow(new Object[]{user.getId(),user.getName(),user.getPass(),user.getIs_admin()});
    }
}
```

5. 表格点击事件

```java
table.addMouseListener(new MouseAdapter() {
    public void mouseClicked(MouseEvent arg0) {
     User user=list.get(table.getSelectedRow());
     tf_id.setText(""+user.getId());
     tf_name.setText(user.getName());
     pf_pass.setText(user.getPass());
     if(user.getIs_admin()==true){
         jc_isAdmin.setSelectedIndex(0);
     }
     else{jc_isAdmin.setSelectedIndex(1);}
        }
    });
```

项目实施

1. 创建实体类 User

```java
public class User {
    private String id;
    private String name;
    private String pass;
    private boolean is_admin;
    public String getId() {
        return id;
    }
    public void setId(String id) {
        this.id = id;
    }
    public String getName() {
        return name;
    }
    public void setName(String name) {
        this.name = name;
    }
    public String getPass() {
        return pass;
    }
    public void setPass(String pass) {
        this.pass = pass;
    }
    public boolean getIs_admin() {
        return is_admin;
    }
    public void setIs_admin(boolean is_admin) {
        this.is_admin = is_admin;
    }
}
```

2. 创建数据库操作类 BaseDao

```java
public class BaseDao {
    public static Connection conn=null;
    public BaseDao() throws Exception{
        String DBDRIVER = "com.mysql.jdbc.Driver";
        String DBURL = "jdbc:mysql://127.0.0.1:3306/userMannage";
        String USER = "root";
        String PASSWORD ="123456";
        if(conn==null){
            System.out.print("^^^^^^^^^");
            Class.forName(DBDRIVER);

         conn = DriverManager.getConnection(DBURL,"root","123456");
        }
        else{
            System.out.print("#########");
            return;
        }
    }



    public ResultSet executeQuery(String sql) {
    Statement stmt;
    ResultSet rs = null;
    try {
        stmt = conn.createStatement();
         rs = stmt.executeQuery(sql);
    } catch (SQLException e) {
        System.out.println("查询错误");
        return null;
    }
    return rs;
}
    public  int executeUpdate(String sql) {
```

```java
        Statement stmt;
        int n=-1;
        try {
            stmt = conn.createStatement();
            n=stmt.executeUpdate(sql);
            System.out.println("修改成功"+n);
            return n;
        } catch (SQLException e) {
            e.printStackTrace();
            return n;
        }
    }
}
```

3. 创建用户管理系统界面和功能

```java
public class UserMannage extends JFrame implements ActionListener {

    private JTextField tf_id;
    private JTextField tf_name;
    private JPasswordField pf_pass;
    private JComboBox<String> jc_isAdmin;
    private JButton bt_insert;
    private JButton bt_update;
    private JButton bt_delete;
    private JTable table;
    private DefaultTableModel model=new DefaultTableModel(new Object[][]{},
new String[]{"编号","姓名","密码","管理员权限"});
    private List<User> list;
    BaseDao bd=null;
    UserMannage(){
        try {
            bd=new BaseDao();
        } catch (Exception e) {
            // TODO Auto-generated catch block
            e.printStackTrace();
```

```java
        }
        list=selectUserList();
        this.setTitle("用户管理系统");
        this.setBounds(220, 100, 500, 620);
        this.setResizable(false);
        
        this.add(createDataPanel(),BorderLayout.CENTER);
        this.add(createTabelPanel(),BorderLayout.SOUTH);
        
        this.setVisible(true);
    }
    
    private List<User> selectUserList() {
        List<User> list=new ArrayList<User>();
        User user=null;
        String sql="select * from user ";
        System.out.println("^^^^^^^^"+bd);
        ResultSet rs=bd.executeQuery(sql);
        try {
            while(rs.next()){
                user=new User();
                user.setId(rs.getString("id"));
                user.setName(rs.getString("name"));
                user.setPass(rs.getString("password"));
                user.setIs_admin(rs.getBoolean("is_admin"));
                
                list.add(user);
            }
        } catch (SQLException e) {
            // TODO Auto-generated catch block
            e.printStackTrace();
        }
        
        return list;
    }
```

```java
private JPanel createTabelPanel() {
JPanel tablePanel=new JPanel();
JScrollPane scroll=new JScrollPane();
tablePanel.add(scroll);

table= new JTable(model);
for(int i=0;i<list.size();i++){
    User user=list.get(i);
    model.addRow(new Object[]{user.getId(),user.getName(),user.
    getPass(),user.getIs_admin()});

}
table.addMouseListener(new MouseAdapter() {
    @Override
    public void mouseClicked(MouseEvent arg0) {
        User user=list.get(table.getSelectedRow());
        tf_id.setText(""+user.getId());
        tf_name.setText(user.getName());
        pf_pass.setText(user.getPass());
        if(user.getIs_admin()==true){
            jc_isAdmin.setSelectedIndex(0);
        }
        else{jc_isAdmin.setSelectedIndex(1);}
    }
});
scroll.setViewportView(table);
    return tablePanel;
}

private JPanel createDataPanel() {
    JPanel panel=new JPanel(new BorderLayout());
    FlowLayout flow1=new FlowLayout();
    flow1.setAlignment(0);
```

```java
            flow1.setVgap(5);
            JPanel dataPanel=new JPanel(flow1);
            JPanel buttonPanel=new JPanel(new FlowLayout());
            JLabel jl_id=new JLabel("编    号:");
            JLabel jl_name=new JLabel("用户名:");
            JLabel jl_pass=new JLabel("密    码:");
            JLabel is_admin=new JLabel("权    限:");

            tf_id=new JTextField(10);
            tf_name=new JTextField(10);
            pf_pass=new JPasswordField(10);
            String[] admin=new String[]{"管理员","操作员"};
            jc_isAdmin=new JComboBox<String>(admin);

            bt_insert=new JButton("添加");
            bt_insert.addActionListener(this);
            bt_update=new JButton("修改");
            bt_update.addActionListener(this);
            bt_delete=new JButton("删除");
            bt_delete.addActionListener(this);
            Image img2=this.getToolkit().getImage("img/1.jpg");
            JLabel jl_zw1=new JLabel(new ImageIcon(img2));
            JLabel jl_zw2=new JLabel(new ImageIcon(img2));
            dataPanel.add(jl_id);
            dataPanel.add(tf_id);
            dataPanel.add(jl_name);
            dataPanel.add(tf_name);
            dataPanel.add(jl_pass);
            dataPanel.add(pf_pass);
            dataPanel.add(is_admin);
            dataPanel.add(jc_isAdmin);

            buttonPanel.add(bt_insert);
            buttonPanel.add(bt_update);
```

```java
            buttonPanel.add(bt_delete);

            panel.add(dataPanel,BorderLayout.CENTER);

            panel.add(jl_zw1,BorderLayout.EAST);
            panel.add(jl_zw2,BorderLayout.WEST);
            panel.add(buttonPanel,BorderLayout.SOUTH);
            return panel;
    }
    public void refresh(){
        model.setRowCount(0);
        list=selectUserList();
        for(int i=0;i<list.size();i++){
            User user=list.get(i);
            model.addRow(new Object[]{user.getId(),user.getName(),user.
            getPass(),user.getIs_admin()});

        }



}

    @Override
    public void actionPerformed(ActionEvent e) {
        if(e.getSource()==bt_insert){
            User user=new User();
            user.setId(tf_id.getText().trim());
            user.setName(tf_name.getText().trim());
            user.setPass(new String(pf_pass.getPassword()).trim());
            boolean is_admin=false;
            if(jc_isAdmin.getSelectedItem().toString().equals("管理员"))
            {
                is_admin=true;
            }
            user.setIs_admin(is_admin);
```

```java
            if(user.getId().equals("")||user.getName().equals("")){
            
                JOptionPane.showMessageDialog(null,"用户信息不能为空");
                return;
            }
            else{
                String sql="INSERT INTO  user (name,password,is_admin) values ('"+user.getName()+"','"+user.getPass()+"',"+user.getIs_admin()+")";
                
                int i=bd.executeUpdate(sql);
                if(i==1){
                    
                    refresh();
                    
                }
                
            }
            
        }
        else if(e.getSource()==bt_update){
            
            User user=new User();
            user.setId(tf_id.getText().trim());
            user.setName(tf_name.getText().trim());
            user.setPass(new String(pf_pass.getPassword()).trim());
            boolean is_admin=false;
            if(jc_isAdmin.getSelectedItem().toString().equals("管理员"))
            {
                is_admin=true;
            }
            user.setIs_admin(is_admin);
            if(user.getId().equals("")||user.getName().equals("")){
            
                JOptionPane.showMessageDialog(null,"用户信息不能为空");
```

```java
                return;
            }
            else{
                String sql="update user set name="+user.getName()+",
                password="+user.getPass()+",is_admin="+user.getIs_admin()
                +" where id="+user.getId();
                int i=bd.executeUpdate(sql);
                if(i==1){

                    refresh();


                }


            }
    }
    else if(e.getSource()==bt_delete){

            String id=tf_id.getText().trim();
            int m=JOptionPane.showConfirmDialog(null,"你确定要删除这条用户信息
            么？","删除用户信息",JOptionPane.YES_NO_OPTION);

                if(m==JOptionPane.YES_NO_OPTION){
                    System.out.println(id);
                    String sql="delete from user where id="+id;
                    int i=bd.executeUpdate(sql);
                    refresh();
                }
            }
        }
    public static void main(String[] args) {
        new UserMannage();
    }
}
```

程序运行结果为：

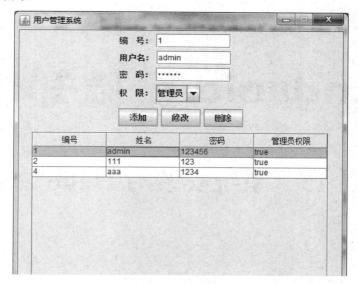

习题 10

1. Java 连接数据库的方法是什么？
2. Java 如何操作数据库？
3. 为"用户管理系统"增加"清空"按钮，单击后清空所有数据，界面如下图所示：

单元 11

Android 基础知识

项目 13 系统安装与 HelloWorld

任务 安装智能手机开发相关软件平台

任务分析

（1）完成智能手机开发平台安装及相关配置，并实现 HelloWorld。
（2）了解项目的基本文件目录结构。

相关知识点

在 Android 的应用开发中，通常使用的是 Java 语言，除了需要熟悉 Java 语言基础知识，还需要了解 Android 提供的扩展 Java 功能。

Android 重要包的描述如下。

- android.app：封装了 Android 应用程序全局模型的高级类。
- android.content：包含了用于在设备上访问和发布数据的类。
- android.database：包含了用于浏览内容提供源返回数据的类。
- android.database.sqlite：包含了 SQLLite 数据库管理类，应用程序可以利用这些类来管理其私有数据库。
- android.graphics：允许直接在屏幕上绘图的绘图工具，如画布、颜色过滤器、点和矩形等。
- android.graphics.drawable：提供了用于管理多种可视界面元素的类，这些可视界面元素仅用于显示，如 bitmap 和 gradient。
- android.graphics.glutils：提供了大量能够在 Android 设备上使用 OpenGL 嵌入式系统版 (OpenGLES) 绘图的类。
- android.hardware：提供对硬件设备的支持，这些硬件设备不一定会出现在每一个 Android

设备上。

- android.location：定义 Android 定位和相关服务的类。
- android.media：定义视频、音频和相关的服务。
- android.net：用于网络连接的类，功能比 ava.net.* 强大。
- android.opengl：提供 OpenGL（高性能图形算法行业标准）工具、3D 加速等。
- android.os：提供设备上基础的操作系统服务、信息传递和进程间通信。
- android.provider：提供用于方便地访问 Android 支持的内容提供源的类。
- android.sax：一个可以方便地编写高效、健壮的 SAXhandler 的框架。
- android.speech.recognition：提供用于语音识别的类。
- android.telephony：提供了用于拨打、接收及监听电话和电话状态的工具。
- android.telephony.gsm：提供了用于从 GSM 电话上控制或读取数据的类。
- android.text：提供了用于在屏幕上绘制或跟踪文本和文本跨度的类。
- android.text.method：提供了用于监听或修改由键盘输入的类。
- android.text.style：提供了用于预览或修改视图对象中文本跨度形式的类。
- android.util：提供了通用的工具方法，如日期/时间操作、64 位编码解码器、字符串数组互换方法和与 XML 相关的方法。
- android.view：提供了用于处理屏幕布局和用户交互的基本 UI 类。
- android.view.animation：提供了动画处理的类。
- android.webkit：提供了浏览网页的工具。
- android.widget widget：包含了用在应用程序屏幕上的 UI 元素（绝大部分可视）。

 任务实施

1. 安装 JAVAJDK

下载网址：http://java.sun.com/javase/downloads/

2. 安装 Eclipse

下载网址：http://www.eclipse.org/downloads/

直接解压复制。

3. 安装 Android

http://developer.android.com 或 http://androidappdocs.appspot.com/index.html

安装 Android 的 SDK。

4. 安装 ADT（AndroidDevelopmentTools）

http://developer.android.com 或 http://androidappdocs.appspot.com/index.html

5. 安装手机 USB 驱动

http://developer.android.com 或 http://androidappdocs.appspot.com/index.html

也可由系统自行搜索安装，需将手机设置在"应用开发"功能上。如果用模拟器调试，则可暂时不装。

6. 建立新项目，实现 HelloWorld

```
OpenEclipse.
Clickthemenu File->New->Project.
ExpandtheAndroidfolderandselectAndroidProject.
NametheprojectHelloWorld
```

得到的文件结构如下。

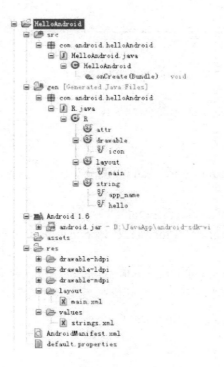

运行该应用程序，选择运行的设备，可以是模拟器，也可以是真实手机。

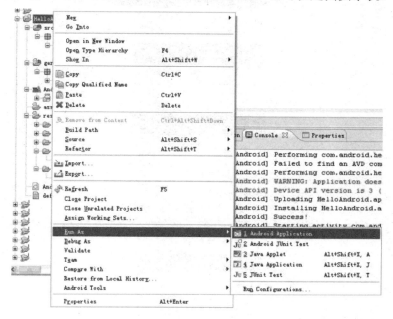

技能拓展

第一次启动模拟器会比较慢，但以后就不要关闭模拟器了，修改代码、调试都不需要再次启动，直接修改后就可运行。

项目 14　界面设计——控件与布局

任务　Android 编程基础——UI 设计

任务分析

（1）了解 Android 编程原理。
（2）掌握界面控件设计。
（3）掌握控件的事件处理编程。

相关知识点

1. 了解各种控件的基本功能
- Menu
- TextView、EditText

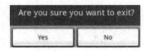

- Button

- Radiobutton

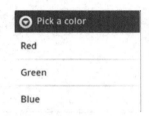

- List

- ProgressBar

2. 了解布局 Layout 的应用

各种控件通过布局，确定在屏幕上显示的方式与相互位置关系。要设计一个良好的界面，必须了解相关的布局，选择合适的布局安排各个控件。Layout 的类型如下。

- AbsoluteLayout
- FrameLayout
- GridView
- LinearLayout
- ListLayout
- RadioGroup
- TableLayout

 任务实施

利用布局安排各种控件，设计良好用户界面。

```xml
<LinearLayout
xmlns:android="http://schemas.android.com/apk/res/android"
android:orientation="vertical"
android:layout_width="fill_parent"
android:layout_height="fill_parent"
>
<TextView android:id="@+id/TextView01"
android:layout_width="fill_parent"
android:layout_height="wrap_content"
android:text="@string/hello"
/>
<EditText android:id="@+id/EditText01"
android:layout_width="fill_parent"
android:layout_height="wrap_content"
/>
<ImageView android:id="@+id/ImageView01"
android:layout_width="wrap_content"
android:layout_height="wrap_content"
android:src="@drawable/adr"
/>
<LinearLayout android:id="@+id/LinearLayout01"
android:layout_width="wrap_content"
android:layout_height="wrap_content"
android:orientation="horizontal">
<Button android:id="@+id/Button01"
android:layout_width="wrap_content"
android:layout_height="wrap_content"
android:text="@string/btn_name"
/>
<Button android:id="@+id/Button02"
android:layout_width="wrap_content"
android:layout_height="wrap_content"
android:text="@string/stp_name"
/>
</LinearLayout>
<ProgressBar android:id="@+id/progressbar01"
android:layout_width="fill_parent"
android:layout_height="20px"
style="?android:attr/progressBarStyleHorizontal"
/>
```

```
<SeekBarandroid:id="@+id/seekbar01"
android:layout_width="fill_parent"
android:layout_height="20px"
style="?android:attr/progressBarStyleHorizontal"
/>
</LinearLayout>
```

技能拓展

很多组件都能实现与用户进行交互的功能，因此必须对需要交互的组件设置事件监听，进而捕捉用户所触发的事件，从而进行相应的处理。后续内容将在 Android 教程中详细讲解。

习题 11

编程题

1．制作音乐局域网通信工具软件。
2．制作音乐播放器。

反侵权盗版声明

电子工业出版社依法对本作品享有专有出版权。任何未经权利人书面许可，复制、销售或通过信息网络传播本作品的行为；歪曲、篡改、剽窃本作品的行为，均违反《中华人民共和国著作权法》，其行为人应承担相应的民事责任和行政责任，构成犯罪的，将被依法追究刑事责任。

为了维护市场秩序，保护权利人的合法权益，我社将依法查处和打击侵权盗版的单位和个人。欢迎社会各界人士积极举报侵权盗版行为，本社将奖励举报有功人员，并保证举报人的信息不被泄露。

举报电话：（010）88254396；（010）88258888
传　　真：（010）88254397
E-mail：　　dbqq@phei.com.cn
通信地址：北京市万寿路173信箱
　　　　　电子工业出版社总编办公室
邮　　编：100036